电力燃料采制化
职业技能考核题库

托克托发电公司　编

中国电力出版社
CHINA ELECTRIC POWER PRESS

内 容 提 要

本题库围绕火电企业燃煤验收全流程管理和操作技术进行编写，按照煤质采样、制样、化验三个验收环节分为三章。包括化验基础、煤炭基础、燃料管理、数理统计等主要基本理论，以及燃煤计量、采样、制样、化验、实验室质量控制等专业知识。

本题库内容基本涵盖了火电企业燃料入厂验收、煤场储存、入炉耗用所涉及采制化的全部内容，将理论知识与工作实际相结合，具有知识面广、描述详尽、类型丰富的特点。

本题库不仅可以作为火电企业燃料管理人员、技术人员、采制化工作人员及员工培训的工具书，也可以作为采制化技能竞赛的参考用书。

图书在版编目（CIP）数据

电力燃料采制化职业技能考核题库 / 托克托发电公司编 .-- 北京 ：中国电力出版社，2022.8
ISBN 978-7-5198-6701-0

Ⅰ. ①电… Ⅱ. ①托… Ⅲ. ①火电厂 - 燃料 - 采样 - 职业技能 - 鉴定 - 习题集 Ⅳ. ① TM621.2-44

中国版本图书馆 CIP 数据核字（2022）第 066266 号

出版发行：中国电力出版社
地　　址：北京市东城区北京站西街 19 号（邮政编码 100005）
网　　址：http://www.cepp.sgcc.com.cn
责任编辑：宋红梅　董艳荣
责任校对：黄　蓓　常燕昆
装帧设计：赵丽媛
责任印制：吴　迪

印　　刷：三河市百盛印装有限公司
版　　次：2022 年 8 月第一版
印　　次：2022 年 8 月北京第一次印刷
开　　本：787 毫米 ×1092 毫米　16 开本
印　　张：10.75
字　　数：240 千字
印　　数：0001—2000 册
定　　价：50.00 元

本书编委会

前言

电力工业是国民经济发展的重要基础，而燃煤发电长期以来在我国占据主力电源地位，起着保供托底的“压舱石”作用，随着我国绿色高质量发展和加快能源体制改革的推进，很大程度上对火电企业的发展提出了更高的质量要求。燃料成本在企业发电成本占比高达70%，燃料管理水平直接反映了企业管理质量的高低，直接影响着火电企业的经营效益、安全生产和排放达标，因此燃煤质量管理是火电企业高质量发展的重要环节。

煤炭是一种不均匀的大宗物料，对燃煤进行规范的采样、制样、化验，采取到具有代表性的煤样是最基本、最重要的要求。目前燃煤采制化环节自动化程度较低，大部分工作仍然依靠人工完成，其技术含量较高，对验收检测人员的操作水平及素质、设备设施、操作方法标准和检测环境等有严格的要求。因此，火电企业对员工技术培训、人才培养工作极其重视，形成标准、高效、系统的培训体系能推动火电企业整体质量迈向更高水平。

本题库围绕火电企业燃煤验收全流程管理和操作技术的要求进行编写，按照煤炭采样、制样、化验三个验收环节分为三章。包括化验基础、煤炭基础、燃料管理、数理统计等主要基本理论，以及燃煤计量、采样、制样、化验、实验室质量控制等专业知识。

本题库主要以填空题、选择题、判断题、问答题、计算题等常见题型进行编写，在日常学习和燃料采制化竞赛中能为学者提供有效指导，本题库不仅可以作为火电企业燃料管理人员、技术人员、采制化工作人员及员工培训的工具书，也可以作为采制化技能竞赛的参考用书。

由于时间及知识水平有限，本题库仍有需要完善之处，希望读者在阅读过程中，能够提出宝贵的意见和建议，我们将深表谢意。

编　者

2022 年 3 月

目 录

第一章

煤质采样基础知识

一、填空题

1. 煤样是为确定煤的 某些特性 而从煤中采取的具有 代表性 的一部分煤。

2. 商品煤样是代表商品煤 平均性质 的煤样。

3. 专用试验煤样是为满足某一 特殊试验 要求而 制备 的煤样。

4. 共用煤样是为进行 多个试验 而采取的煤样。

5. 全水分煤样是为测定 全水分 而专门采取的煤样。

6. 一般煤样是为制备 一般分析试验 煤样而 专门 采取的煤样。

7. 一般分析试验煤样是破碎到粒度小于 0.2 mm 并达到空气干燥状态，用于大多数 物理化学性质 测定的煤样。

8. 粒度分析煤样是为进行 粒度分析 而专门采取的煤样。

9. 子样是采样器具操作 一次 或截取 一次 煤流全横截段所采取的 一 份样。

10. 分样是由均匀分布于整个 采样单元 的若干初级子样 组成 的煤样。

11. 总样是从一 采样单元 取出的全部子样 合并 成的煤样。

12. 初级子样是在采样 第一 阶段，于任何破碎和 缩分 前采取的子样。

13. 缩分后试样是为 减少 试样质量而将之缩分后保留的 一部分 。

14. 采样是从 大量煤中 采取具有 代表性 的一部分煤的过程。

15. 连续采样是从每一个采样单元采取一个 总样 ，采样时，子样点以 均匀 的间隔分布。

16. 间断采样是仅从某几个 采样单元 采样。

17. 批是需要进行 整体性质 测定的一个独立煤量。

18. 采样单元是从 一批煤 中采取一个总样的煤量。一批煤可以是 一个 或多个采样单元。

19. 标称最大粒度是与筛上物累计质量分数最接近 但不大于 5%的筛子相应的筛孔 尺寸 。

20. 精密度是在 规定条件 下所得独立试验结果间的符合程度。

21. 系统采样是按相同的 时间 、 空间 或质量间隔采取子样，但第一个子样在第一间隔内 随机 采取，其余的子样按选定的间隔采取。

22. 随机采样是采取子样时，对采样的部位或时间均不施加任何 人为的意志 ，使任何部位的煤都 有机会 采出。

23. 时间基采样是从 煤流 中采取子样，每个子样的位置用一时间间隔来确定，子样质量与采样时的煤流量成 正比 。

24. 质量基采样是从煤流或 静止 煤中采取子样，每个子样的位置用一 质量 间隔来确定，子样质量固定。

25. 分层随机采样是在 质量基 采样和 时间基 采样划分的质量或时间间隔内随机采取一个子样。

26. 误差是 观测值 和可接受的 参比值 间的差值。

27. 方差是 分散度 的量度。数值上为 观测值 与它们的 平均值 之差值的平方和除以自由度（观测次数减 1）。

28. 标准［偏］差是方差的 平方根 。

29. 变异系数是标准差对算术平均值绝对值的百分比，又称 相对 标准偏差。

30. 随机误差是统计上独立于 先前 误差的 误差 。

31. 偏倚是 系统 误差。它导致一系列结果的平均值总是 高于 或 低于 用一参比方法得到的值。

32. 实质性偏倚是具有实际重要性或合同各方同意的 允许 偏倚。

33. 煤炭采样和制样的目的是为了获得一个其试验结果能 代表整批 被采样煤的试验煤样。

34. 采样和制样的基本过程是首先从分布于 整批煤 的许多点收集相当数量的一份煤，即 初级 子样，然后将各初级子样直接合并或缩分后合并成一个 总样 ，最后将此总样经过一系列制样程序制成所要求数目和类型的 试验 煤样。

35. 采样的基本要求是被采样批煤的 所有颗粒 都可能进入采样设备，每一个颗粒都有 相等 的概率被采入 试样 中。

36. 为了保证所得试样的试验结果的精密度符合要求，采样时应考虑以下因素： 煤的变异性（一般以初级子样方差衡量） 、 从该批煤中采取的总样数目 、 每个总样的子样数目 、 与标称最大粒度相应的试样质量 。

37. 对同一煤进行一系列测定所得结果间的彼此符合程度就是 精密度 ，而这一系列测定结果的平均值对一可以接受的参比值的偏离程度就是偏倚。采样精密度与被采样煤的 变异性 （初级子样方差、采样单元方差）、制样和化验 误差 、采样单元数、 子样数 和 试样量 有关。

38. 采样方案有 基本采样方案 和 专用采样方案 ，但专用采样方案在取得有关方同意后方可实施：无论 基本采样方案 或 专用采样方案 ，都应按 GB 475—2008《商品煤样人工采取方法》附录 C 规定进行采样精密度核验和偏倚试验，确认符合要求后方可实施。

39. 基本采样方案建立的基本程序：划分采样单元、 确定子样数 、确定子样质量、 确定子样点的布置 。

40. 采样方案的设计是根据实际情况拟定供 采样人员 使用的作业指导书的第一步。在设计人工采样方案的同时，还应制定相应的 安全操作规程 。

41. 移动煤流采样可在煤流 落流中 或 皮带上 的煤流中进行。为安全起见，GB 475—2008《商品煤样人工采取方法》不推荐在皮带上的煤流中进行。采样可按 时间基 或 质量基 以系统采样方式或 分层随机 采样方式进行。从操作方便和经济的角度出发，时间基 采样较好。

42. 采样时，应尽量截取一完整煤流横截段作为一子样，子样 不能 充满采样器或从采样器中 溢出 。试样应尽可能从流速和负荷都较均匀的煤流中采取。应尽量避免煤流的 负荷 和 品质变化 周期与采样器的运行周期重合，以免导致采样偏倚。如果避免不了，则应采用 分层随机采样 方式。

43. 落流采样法不适用于煤流量在 400t/h 以上的系统。煤样在传送皮带转输点的 下落 煤流中采取。采样时，采样装置应尽可能地以恒定的小于 0.6m/s 的速度横向切过煤流。采样器的开口应当至少是煤标称最大粒度的 3 倍 并不小于 30 mm，采样器容量应足够大，子样不会充满采样器。

44. 初级子样应均匀分布于整个采样单元中。子样按预先设定的时间间隔（时间基采样） 或质量间隔（质量基采样） 采取，第 1 个子样在第 1 个时间/质量间隔内 随机 采取，其余子样按相等的 时间/质量 间隔采取。

45. 子样质量与煤的流量成 正比 。

46. 采样过程中煤的品质可能会发生周期性的变化，应避免其变化周期与子样采取周期重合，否则将会带来不可接受的采样偏倚，为此可采用 分层随机采样 方法。分层随机采样 不是 以相等的时间或质量间隔采取子样，而是在预先划分的时间或质量间隔内以随机时间或质量采取子样。分层随机采样中，两个分属于不同的时间或质量间隔的子样很可能 非常靠近 ，因此初级采样器的卸煤箱应该至少能容纳 两个 子样。

47. 有些采样方法趋向于采集过多的大块或小粒度煤，因此很有可能引入 偏倚 。最理想的采样方法是 停皮带 采样法。它是从停止的皮带上取出一 全横截段 作为一子样，是唯一能够确保 所有 颗粒都能采到的、从而不存在偏倚的方法，是核对其他方法的参比方法。常规采样情况下，停皮带采样操作是不实际的，故该方法只在偏倚试验时作为参比方法使用。

48. 停皮带子样在固定位置用专用采样框采取。采样框由两块平行的边板组成，板间距离至少为被采样煤标称最大粒度的 3 倍 且不小于 30mm ，边板底缘弧度与皮带弧度相近。采样时，将采样框放在静止皮带的煤流上，并使两边板与皮带中心线垂直。将边板插入煤流至底缘与皮带接触，然后将两边板间煤全部收集。

49. 静止煤采样方法适用于 火车 、 汽车 、驳船、 轮船 等载煤和 煤堆 的采样。静止煤采样应首选在装/堆煤或卸煤过程中进行，如不具备在装煤或卸煤过程中采样的条件，也可对静止煤 直接 采样。

50. 直接从静止煤中采样时，应采取 全深度 试样或 不同深度 （上、中、下或上、下）的试样；在能够保证运载工具中的煤的品质均匀且无不同品质的煤分层装载时，也可从运载工具 顶部 采样。无论用何种方式采样，都应通过偏倚试验证明其无实质性 偏倚 。

51. 车厢的选择：当要求的子样数等于或<u>少于</u>一采样单元的车厢数时，取<u>一个</u>子样；当要求的子样数多于一采样单元的车厢数时，每一车厢应采的子样数<u>等于</u>总厢数，如除后有余数，则余数子样应分布于<u>整个</u>采样单元。分布余数子样的车厢可用系统每隔若干车增采一个子样或用<u>随机</u>方法选择。

52. 子样位置应逐个车厢不同，以使车厢各部分的煤都有<u>相同</u>的机会被采出。

53. 煤堆的采样应当在<u>堆堆</u>或<u>卸堆</u>过程中，或在<u>迁移</u>煤堆过程中，以下列方式采取子样：于皮带输送煤流上、小型运输工具如汽车上、堆/卸过程中的各层新工作表面上、斗式装载机卸下的煤上以及刚卸下并未与主堆合并的小煤堆上采取子样。不要<u>直接</u>在静止的、高度超过<u>2m</u>的大煤堆上采样。

54. 当经常对<u>同一</u>煤源、<u>品质</u>稳定的大批量煤（如港口入港煤）进行采样时，可用<u>间断采样</u>方法。采用间断采样方法时应事先征得<u>有关方</u>同意。

55. 煤炭分析用煤样有<u>一般分析用</u>试样（用于煤的一般物理、化学特性测定的试样）、<u>全水分</u>试样（专门用于全水分测定的试样）、<u>共用</u>试样（为了多种用途，如全水分和一般物理、化学特性测定而采取的试样）、<u>物理试样</u>（专门为特种物理特性，如物理强度指数或粒度分析而采取的试样）。

56. 用于全水分测定的样品可以<u>单独</u>采取，也可以从<u>共用试样</u>中抽取。在从共用试样中分取水分试样的情况下，采取的初级子样数目应当是灰分或水分所需要的数目中<u>较大</u>的那个数目，如果在取出水分试样后，剩余试样不够其余测试所需要的质量，则应增加子样数目至总样质量满足要求。在必要的情况下（如煤非常湿），可<u>单独</u>采取水分试样。

57. 采样单元煤量大于 1000t 时子样最小质量计算公式为<u>$m_a=0.06d$（m_a——子样最小质量，单位为 kg；d——被采样煤标称最大粒度，单位为 mm）</u>，但最少为<u>0.5</u>kg。

58. 采样时，采样器应不被试样充满或从中溢出，而且子样应一次采出，多<u>不扔</u>，少<u>不补</u>。

59. 人工采样工具的基本要求为采样器具的开口应满足公式<u>$W\geqslant 3d$（W——采样器具开口端横截面的最小宽度，单位为 mm）</u>的要求且小于<u>30mm</u>。

60. 器具的容量应至少能容纳 1 个子样的煤量，且不被试样<u>充满</u>，煤不会从器具中<u>溢出</u>或泄漏。

61. 如果用于煤流采样，采样器开口长度大于截取煤流的<u>全宽度</u>或全厚度。

62. 人工工具主要有<u>采样斗</u>、<u>采样铲</u>、<u>探管</u>、<u>手工螺旋钻</u>、<u>人工切割斗</u>、<u>停带采样框</u>。

63. 采样器具探管和<u>钻取器</u>等应按 GB/T 1949.3—2004《煤炭机械化采样　第 3 部分：精密度测定和偏倚试验》规定进行<u>偏倚试验</u>，合格后方能投入使用。

64. 采样斗用不锈钢等不易粘煤的材料制成，适于于从<u>落煤流中</u>采样。

65. 采样切割斗用于人工或在机械辅助下对<u>落下煤流</u>进行采样。

66. 采样框由两块平行的边板组成，板间距离至少为被采样煤标称最大粒度的<u>3</u>倍。边板底缘弧度与皮带弧度相近。

67. 煤样应装在无吸附、无腐蚀的气密性容器中，并有永久性的唯一识别标识。

68. 煤样标签或附带文件中应有以下信息：煤的种类、级别和标称最大粒度以及批的名称，煤样类型，采样地点、时间、日期。

69. 任何一个采样程序包括移动煤流采样、静止煤全煤柱采样、深部和深部分层采样和表面采样以及所用采样工具都进行偏倚试验。

70. 批煤的采样精密度以灰分绝对值表示。

71. 为了确保采样精密度，可按下述方法处理：增加子样数、增加子样质量。

72. GB 475—2008《商品煤样人工采取方法》规定了商品煤人工采样方法的术语、采样的一般原则和采样精密度、采样方案的建立、采样方法、人工采样工具、煤样的包装和标识以及采样报告。

73. GB 475—2008《商品煤样人工采取方法》适用于褐煤、烟煤和无烟煤。

74. 为了下述目的，宜将一批煤分成数个采样单元：

（1）提高采样的精密度，使之达到要求的值；

（2）保持试样的完整性，即避免试样采取后产生偏倚，特别是减小试样由于放置而产生的水分损失；

（3）当采样周期很长时，便于管理；

（4）使试样量不致太大，便于处理。

75. 总样的最小质量取决于煤的标称最大粒度、要求的有关参数精密度以及该参数与粒度的关系。但是最小质量达到要求并不能保证获得要求的精密度，因为后者还取决于总样的子样数及子样的变异性。

76. 初级子样质量可根据机械采样器的尺寸、煤的流量等因素计算。

77. 移动煤流采样以时间基或质量基系统采样方式或分层随机采样方式进行。从操作方便和经济的角度出发，时间基采样较好。

78. 移动煤流的子样质量与煤流量成正比。

79. 采样过程中煤的品质可能会发生周期性的变化，应避免其变化周期与子样采取周期重合，否则肯定会带来不可接受的采样偏倚。为此可采用分层随机采样方法。

80. 分层随机采样不是以相等的时间或质量间隔采取子样，而是在先划分的时间或质量间隔内以随机时间或质量采取子样。

81. 分层随机采样中，两个分属于不同的时间或质量间隔的子样很可能非常靠近，因此初级采样器的卸煤箱应该至少能容纳两个子样。

82. 煤流采样的参比方法为停皮带采样方法。它只在进行采样系统偏倚试验时应用。

83. 移动煤流采样机械机械化采样器的基本条件是：

（1）能无实质性偏倚地收集了样并被权威性的试验所证明；

（2）能在规定条件下保持工作能力。

84. 采样切割器应满足以下要求：

（1）切割器能截取一完整的煤流横截段；

（2）切割器的前缘和后缘应在同一平面或同一圆柱面上。该平面或圆柱面最好能 垂直 煤流平均轨迹；

（3）切割器应以均匀的速度通过煤流，任一点的切割速度变化不超过预定基准速度的 5 %；

（4）切割器的开口应设计得使煤流的各部分通过开口的时间 相等 ；

（5）切割器开口的宽度至少应为被采样煤标称最大粒度的 3 倍，初级子样切割器的开口不得小于 30 mm。如果切割器为锥形的摇臂采样器，则其最窄截取煤流处的宽度应满足上述（5）要求；

（6）切割器的容量应能容纳整个子样或使其全部通过，子样不损失、不溢出，任何部位不发生 阻塞 。

85. 实际经验证明，对粒度分布范围较宽，物流密度较高的大容量煤流采样时，如切割器开口尺寸为煤标称最大粒度的3倍以上，则切割器速度在 1.5m/s 以下不会导致实质性偏倚。无论切割器开口尺寸和运行速度是多少，都应经试验证明它没有 实质性偏倚 。

86. 静止煤采样只用 质量基 采样方式。GB 475—2008《商品煤样人工采取方法》中的静止煤采样方法主要适用于火车、汽车和浅驳船载煤的全深度和深部分层采样。一个采样单元可以是一列车、一节或数节车厢、一条或数条驳船。

87. 静止煤采样时，采样器应插入煤内由顶到底采取一全深度煤柱子样，或插入煤内一定深度取出的一分层子样；采样时，该采的大块煤、硬煤或岩石 不能 被推开不采，湿煤不能沾在采样器上。

88. 使用机械螺杆前，必须按 GB/T 19494.3—2004《煤炭机械化采样　第3部分：精密度测定和偏倚试验》所述进行偏倚试验，证明无实质性偏倚后方可使用。

89. 煤样应装在 无吸附 、无腐蚀的气密容器中，并有 永久性 的唯一识别标识。

90. 使用质量基采样时，应满足下列两条要求：

（1） 并入总样的各个子样的质量变异系数应小于20% ；

（2） 煤流流量和子样质量间无相关性 。

二、选择题

1. 某洗煤厂生产的洗选动力煤，计划灰分（A_d）为21.00%，对其采、制、化后，所得到的干基灰分应在 C 范围内波动。

A. 20.00%～24.00%；　　B. 21.50%～23.50%；

C. 19.50%～22.50%；　　D. 20.50%～23.50%。

2. 以灰分来判断商品煤采样精密度时，采样精密度表示 A 。

A. 单次采样（包括制样、化验）所得干基灰分值与对同一批煤进行无数次采样（包括制样、化验）所得干基灰分总体平均值之间的接近程度；

B. 单次采样（包括制样、化验）所得干基灰分值与该批煤干基灰分真值之间的接近程度；

C. 不同采样人员用不同采样器具对同一批煤各采一煤样，包括制样、化验，所得干基灰分值之间的接近程度；

D. 各单次采样（包括制样、化验）所得干基灰分值之间的平均差值。

3. GB 475—2008 规定在火车采样时，当煤批量一定时，所采子样数目只与__B__有关。

A. 煤的灰分；　　B. 煤的品种；　　C. 每节车装煤量；　D. 煤的最大粒度。

4. 根据 GB 475—2008 规定，煤流采样时，对于少于 1000t 批量的洗精煤，最少的子样数目为__B__。

A. 6 个；　　B. 10 个；　　C. 5 个；　　D. 18 个。

5. 某电厂收到灰分大于 23%的洗动力煤 4 节（60t/节），火车采样最少子样数目为__A__。

A. 10 个；　　B. 4 个；　　C. 18 个；　　D. 8 个。

6. 某批煤在子样数目、子样点布置不变的情况下，单独过大地增加子样质量，__D__。

A. 能显著提高煤质结果的准确性；

B. 对采样精密度提高意义不大；

C. 虽增加了后续制样的工作量，但可显著提高采样精密度；

D. 可以显著地消除人为误差，但不可显著提高采样精密度，同时又增加后续工作量。

7. 煤炭采样系统误差首要来自__C__。

A. 子样点分布有偏倚；　　B. 子样数目不够，但子样质量过大；

C. 煤炭本身煤质均匀性差；　　D. 子样数目过多。

8. 以下因素对采制化总精密度影响最小（或无影响）的是__C__。

A. 煤的变异性；　　B. 从该批煤中采取的总样数目；

C. 煤堆采样时去除 0.2m 表层；　　D. 总样质量。

9. 以下因素对采制化总偏倚有影响的是__C__。

A. 从批煤中划分的采样单元数；　　B. 子样数；

C. 子样质量；　　D. 制样和化验精密度。

10. 依据 GB/T 19494.2—2004《煤炭机械化采样　第 2 部分：煤样的制备》，对于干基灰分为 20%的洗煤，其采制化总精密度为__D__。

A. ±0.8%；　　B. ±1.5%；　　C. ±2%；　　D. ±1.6%。

11. 对电厂入炉混煤进行机械化采样，已知煤流运量为 500t/h，煤炭干基灰分小于 20%，某运行班共上煤 1000t，若以该煤量为一个采样单元，采取的最少子样数目和采样间隔正确的是__D__。

A. 30 个，4min；　　B. 28 个，5min；　　C. 26 个，4min；　　D. 28 个，4min。

12. 对于汽车采样，已知每车载煤 15t，共 70 辆，同一煤源煤，拟采子样数 40 个。下面有关采样车厢的选择正确的是__B__。

A. 制作 70 个牌子并编号，每一编号对应一辆汽车，从中随机抽出 40 个牌子，在相应的汽车上各采取一个子样；

B. 把 70 辆汽车均匀分成 35 段（每段 2 辆车），每段采取一个子样，余下的子样按随机方法选择车厢采取；

C. 把 70 辆汽车均匀分成 35 段（每段 2 辆车），每段采取一个子样，余下的子样只能按系统方法选择车厢采取；

D. 以上叙述均不对。

13. 对机械化采样系统，缩分后的初级子样质量应满足＿C＿。

A. 一律 2kg；

B. 一律 5kg；

C. 规定的平均最小子样质量和绝对最小子样质量的规定，且大于或等于 0.1kg；

D. 按标称最大粒度确定。

14. 一列车装了一个矿生产的原煤及洗煤，还装了另一个矿生产的原煤与洗煤，该批煤应划分的采样单元是＿B＿。

A. 2 个；　B. 4 个；　C. 1 个；　D. 3 个。

15. 对采样精密度要求最高的是＿C＿。

A. 洗煤；　B. 原煤；　C. 精煤；　D. 筛选煤。

16. 偏倚试验最好选择＿C＿作为试验煤炭。

A. 粒度组成范围较窄的煤；　B. 煤炭品质均匀的煤；

C. 粒度组成范围较宽，各粒级灰分相差明显的煤；　D. 灰分较小的煤。

17. 对采样有无偏倚不产生影响的是＿A＿。

A. 子样数；　B. 子样的位置；　C. 采样工具；　D. 子样质量。

18. 对某一批煤进行多次采制化，得到各个总样的灰分测定结果，计算得到标准偏差 $S=1\%$，该批煤的采样精密度为＿B＿。

A. 1%；　B. 2%；　C. 3%；　D. 4%。

19. 某电厂对某批次来煤开展标称粒度试验，试验结果：大于 150mm，占 0.5%；100～150mm，占 3.5%；80～100mm，占 5%；<80mm；占 91%。则可判定该批煤的标称粒度为＿C＿。

A. 小于 80mm；　B. 小于 100mm；　C. 100mm；　D. 80mm。

20. 对煤炭粒度分布最敏感的参数是＿C＿。

A. 水分；　B. 挥发分；　C. 灰分；　D. 发热量。

21. 某电厂要对某批来煤进行标称最大粒度试验，该批煤的标称最大粒度不大于 150mm，则需采取的总样质量（精密度为 2%）为＿B＿kg。

A. 570；　B. 1700；　C. 275；　D. 1070。

22. 落煤流采样器的采样切割器应以均匀的速度通过煤流，任一点的切割速度变化不超过预定基准速度的＿A＿。

A. 5%；　B. 10%；　C. 15%；　D. 20%。

23. 商品煤样的灰分＿C＿。

A. 与被采样的批煤的灰分真值相等；

B. 与被采样的该品种煤的平均灰分十分接近；

C. 与从被采样的那批煤中采取的大量总样的灰分的平均值十分接近；

D. 与被采样的该品种煤的灰分真值十分接近。

24. 某煤矿生产的筛选煤，计划灰分（A_d）为 19.00%，对其进行机械化采、制、化后，所得到的干基灰分应在 A 范围内波动。

A. 18.4%～21.60%；　B. 17.10%～20.90%；

C. 17.00%～21.00%；　D. 17.50%～20.50%。

25. 根据 GB 475—2008《商品煤样人工采取方法》规定，煤流采样时，对于少于 1000t 批量的筛选煤（A_d≤20%），最少的子样数目为 B 。

A. 6 个；　B. 10 个；　C. 5 个；　D. 18 个。

26. 干基灰分小于或等于 12%的精煤的人工采样精密度规定为 C 。

A. ±1/10 灰分但不小于±1%（灰分，绝对值）；

B. ±0.8%（灰分，绝对值）；

C. ±1%（灰分，绝对值）；

D. 以上叙述都不对。

27. 对电厂入厂火车煤进行机械化非全深度采样，已知混煤 3000t，若以该煤量为一个采样单元，采取的最少子样数目为 D 个。

A. 100；　B. 120；　C. 80；　D. 70。

28. 对于流速和负荷不均匀的移动煤流，机械化采样可采到最有代表性的煤样的采样方式为 D 。

A. 时间基系统采样；　B. 质量基系统采样；

C. 时间基分层随机采样；　D. 质量基分层随机采样。

29. GB 475—2008 基本采样方案规定，原煤 A_d 为 18%时的采样精密度为 D 。

A. ±2.0%；　B. ±1.0%；　C. ±1.5%；　D. ±1.8%。

30. 初级子样最少切割次数为（　　），全部子样合成后的试样缩分的最少切割数为（　　）次。 D

A. 4，30；　B. 6，40；　C. 6，50；　D. 4，60。

31. 横过皮带采样器的采样切割器应以均匀的速度（各点速度差不大于 B ）通过煤流。

A. 5%；　B. 10%；　C. 15%；　D. 20%。

32. 落煤流采样器的采样切割器应以均匀的速度通过煤流，任一点的切割速度变化不超过预定基准速度的 A 。

A. 5%；　B. 10%；　C. 15%；　D. 20%。

33. 按 GB 475—2008《商品煤样人工采取方法》，对于火车运输入厂的某矿 100t 原煤（A_d>20%）实施人工和机械采样，应采取的最少子样数目是 C 个。

A. 12 和 6；　B. 10 和 10；　C. 18 和 10；　D. 18 和 18。

34. 按 GB 475—2008《商品煤样人工采取方法》，人工在火车车厢上采取商品煤——末煤煤样时，每个子样至少应取 B kg。

A. 6； B. 1； C. 3； D. 1.5。

35. 对某原煤进行筛分试验首先用 150mm 的筛子筛分，筛下物用 100mm 的筛子筛分，依次类推，结果见表 1-1。

表 1-1 筛分试验结果

筛孔尺寸（mm）	150	100	50
筛上物质量占总量的分数（%）	0	4.5	5.5

则该原煤标称最大粒度为 B 。

A. 150mm； B. 100mm； C. 50mm； D. 以上都不是。

36. 人工在煤流中采样，对于灰分 A_d>20%的筛选煤，当煤量不足 300t 时，应采取的最少子样数目为 A 个。

A. 18； B. 20； C. 30； D. 10。

37. 当煤的标称最大粒度为 100mm 时，一般煤样和共用煤样总样最小质量为 A kg。

A. 1025； B. 40； C. 60； D. 565。

38. 质量基采样的基本条件是煤的流量与初级子样质量间 D ，在整个采样过程中并入总样的初级子样或缩分后初级子样质量变异系数应小于____。(D)

A. 有相关性，10%； B. 无相关性，25%；

C. 有相关性，20%； D. 无相关性，20%。

39. 依据 GB/T 19494.1—2004《煤炭机械化采样 第 1 部分：采样方法》，对于精煤，其采制化总精密度为 A 。

A. ±0.8%； B. ±1.5%； C. ±2%； D. ±1.6%。

40. 当煤流量超过 B t/h 时不适宜人工采样。

A. 500； B. 400； C. 600； D. 300。

41. 对于移动煤流机械采样系统进行采样偏倚试验时，所用参比方法是 C 。

A. 系统采样法； B. 随机采样法； C. 停皮带采样法； D. 人工钻孔法。

42. 火车采样应先将车厢 B 的小块并编号，然后再按规定采取子样。

A. 按 5 点循环法； B. 表面分成若干面积相等；

C. 按 3 点法； D. 按 5 点法。

43. 在 C 采取商品煤样的代表性最差。

A. 煤流中； B. 火车上； C. 煤堆上； D. 汽车上。

44. 原煤、筛选煤量少于 300t 时，所采子样的数目不得少于 C 个。

A. 6； B. 12； C. 18； D. 30。

45. 在煤堆上采样，在非新堆煤情况下，采样时应先除去 C m 的表层。

A. 0.4； B. 0.5； C. 0.2； D. 1.0。

46. 按照 GB 475—2008，干基灰分为 22%的混煤的采样精密度为 B 。

A. ±1.6%；　　B. ±2.0%；　　C. ±1.5%；　　D. ±2.5%。

47. DL/T 747—2010《发电用煤机械采制样装置性能验收导则》规定，落流采样器的容量一般宜为一个子样体积的__A__倍。

A. 1.1～1.3；　　B. 1.5；　　C. 2；　　D. 3。

48. DL/T 1339—2014《低压变频调速装置技术条件》中规定对破碎缩分联合制样设备进行性能试验样品损失率项目时，要求其损失率小于或等于__C__。

A. 5.0%；　　B. 3.0%；　　C. 2.0%；　　D. 0.7%。

三、多选题

1. GB/T 18666—2014《商品煤质量抽查和验收方法》中规定的被抽查方的“报出值”有__ABD__。

A. 产品规格；　　B. 实测结果；　　C. 验收放测定结果；　　D. 合同约定值。

2. 对于机械化采样机偏倚最终评定叙述错误的是__AC__。

A. 如$-B<d<+B$，即试验结果证明存在显著大于0且显著不大于B的偏倚；

B. 如$d\leqslant-B$或$d\geqslant+B$，则证明有偏倚，无需做进一步的统计分析；

C. 如$-B<d<+B$；且$t_{nz}\geqslant t_p$即试验结果证明存在小于B偏倚；

D. 如$-B<d<+B$、且$t_{nz}\geqslant t_p$即试验结果证明不存在实质性偏倚。

注：B——最大允许偏倚；d——差值平均值；t_{nz}——d和B间差值的统计量；t_β——自由度为（$n-1$）时的单尾t值。

3. 精密度用偏差来衡量，它是由__C__决定的；正确度则用偏倚来衡量，它是由__BC__决定的。

A. 过失误差；　　B. 系统误差；　　C. 随机误差；　　D. 极差。

4. 在__BCD__应另设计专用采样方案，专用采样方案应在取得有关方同意后方可实施。

A. 对采样精密度产生怀疑时；

B. 经有关方同意另行设计采样方案时；

C. 要求的灰分精密度值小于基本采样方案的精密度时；

D. 采样精密度用灰分以外的煤质特性参数表示时。

5. 初级子样方差是表征煤变异性的重要参数，初级子样方差的影响因素有__ABC__。

A. 子样质量；　　B. 煤的品种；　　C. 标称最大粒度；　　D. 采样单元数。

6. 批煤可按一个采样单元采样，也可按数个采样单元采样，当按数个采样单元采样时，理论上讲__AB__。

A. 在相同子样数的情况下，可减小采样精密度值；

B. 在相同采样精密度的情况下，可减少子样数；

C. 在相同采样精密度的情况下，可减少采样单元子样数，但批煤总子样数增多；

D. 在相同采样精密度的情况下，最小总样质量可能增大。

7. GB 475—2008中基本采样方案指定了采样精密度值，该采样精密度值确定时考虑的主要因素有__ABC__。

A. 贸易各方可接受的采样精密度值；　　B. 采样方法的可操作性；
C. 我国煤炭品质不均匀程度；　　D. 各种采样方式的优劣。

8. 按照 GB 475—2008 基本采样方案设计人工采样时，需考虑的内容有__ACD__。
A. 采样方式；　B. 煤的初级子样方差；　C. 总样质量；　D. 子样的布置

9. 采样时，应避免偏倚的产生，可能的偏倚源有__ABC__。
A. 采样器具；　B. 子样数目；　C. 子样的合并；　D. 采样单元数。

10. GB/T 19494.1—2004《煤炭机械化采样　第 1 部分：采样方法》规定的采样机械的基本条件是__AD__。
A. 能无实质性偏倚地收集子样并被权威性试验所证明；
B. 初级子样切割器能截取一完整煤流横截段，能按规定的间隔采取子样；
C. 采样无偏倚、精密度符合要求，并被权威性试验所证明；
D. 能在规定条件下保持工作能力。

11. 煤炭采样时，__BD__会产生偏倚。
A. 子样质量超过标称最大粒度规定的最小子样质量；
B. 子样采取时，采样周期和煤炭质量品质变化周期重合；
C. 煤炭本身煤质均匀性较差；
D. 子样采取时，采样工具太小没有采到粒度较大的煤。

12. 关于同一种煤的初级子样方差，下面阐述正确的是__AC__。
A. 随着煤炭加工深度增加而减少；　　B. 随着煤炭粒度增加而减少；
C. 随着煤炭混合程度增加而减少；　　D. 随着子样质量增加而减少。

13. 某主管用双倍子样数双份采样法对其例行采样程序的采样精密度进行核对，已知要求的精密度为 1.0%，最差精密度为 2.0%，试验测定的平均值精密度为 0.6%，以此测定的数据进行判断，其采样精密度__AC__。
A. 符合要求；　B. 不符合要求；　C. 优于期望精密度；　D. 不能进行判断。

14. 在连续采样方式下，影响批煤采样精密度的因素有__ACD__。
A. 被采样煤的初级子样方差、制样和化验方差；　　B. 采样单元方差；
C. 采样单元数；　　D. 初级子样数。

15. 进行采样设备偏倚性试验时，两组数据进行合并的必要条件是__AC__。
A. 方差一致；　B. 组数一致；　C. 均值一致；　D. 同时间采样。

16. 影响煤的不均匀性的因素有__ABCD__。
A. 无机矿物质的分布状态；　　B. 煤炭粒度分布；
C. 偏析作用；　　D. 是否经过加工处理。

17. 为了保证所得试样的试验结果的精密度符合要求，采样时应考虑的因素包括__ABCD__。
A. 煤的变异性；　　B. 从该批煤中采取的总样数目；
C. 与标称最大粒度相应的试样质量；　　D. 每个总样的子样数目。

18. 以下关于采样器和缩分器的要求，正确的是<u>BD</u>。

A. 横过皮带采样器的有效开口尺寸应为被采样煤标称最大粒度的3倍，其切取煤流速度没有任何限制；

B. 切割式缩分器（即落流切割缩分器）开口尺寸应为被缩分煤样标称最大粒度的3倍，切割速度按 $v_c=0.3\times\left(1+\frac{W}{3d}\right)$ 计算，但最大不超过1.5m/s（v_c——切割速度；W——开口尺寸；d——被缩分煤样标称最大粒度）；

C. 机械螺杆采样器的螺筒直径应不小于被采样煤标称最大粒度的3倍，头部必须有破碎装置；

D. 落流采样器的开口尺寸应为被采样煤标称最大粒度的3倍，切割速度不大于1.5m/s。

19. 初级子样方差取决于<u>ABCD</u>。

A. 煤的标称最大粒度；　　B. 煤的加工处理和混合程度；

C. 评判所用煤质指标的大小；　　D. 子样质量。

20. 最大允许偏倚（B）的决定方法有<u>ABC</u>。

A. 各有关方协商；

B. 在没有资料的情况下，可取 B 值为0.2%～0.3%；

C. 使最大允许偏倚和可能产生的最大偏倚相匹配；

D. 粗略估计数值。

21. 用机械采样器在静止煤中采样时，子样的布置可按<u>CD</u>。

A. 三点斜线法；　　B. 五点斜线循环法；

C. 系统采样法；　　D. 随机采样法。

22. 下列不可以采取仲裁煤样的地方是<u>AD</u>。

A. 船舶上；　B. 装船过程中；　C. 装车皮带上；　D. 煤堆上。

23. 一般可单独在<u>AB</u>上采取全水分煤样。

A. 火车；　B. 汽车；　C. 船舶；　D. 煤堆。

24. 按照GB 475—2008规定进行人工采样时，要求的最小子样质量由小到大的是<u>CD</u>。

A. 末煤—粉煤—特大块煤；　　B. 粉煤—混煤—混块煤；

C. 粉煤—混煤—大块煤；　　D. 粉煤—末煤—混煤。

25. 在对机械采制样装置进行综合性能试验时，在参比煤样制备化验过程中，应优先选用<u>AB</u>。

A. 无明显损失的低速破碎机；

B. 二分器缩分煤样；

C. GB/T 212—2008《煤的工业分析方法》测定全水分；

D. DL/T 1030—2006《煤的工业分析　自动仪器法》。

26. 以下不符合GB 475—2008关于粒度大于150mm或其他粒度大块物料的处理方法的是<u>BC</u>。

A. 在原煤采样中，若粒度大于150mm的大块物料质量分数超过5%时，采样时遇到大块物料不应故意推开，应采入子样中；

B. 在原煤采样中，若粒度大于150mm的大块物料质量分数超过5%时，采样时遇到大块物料可将大块物料剔除后再采样；

C. 采样后，将粒度大于150mm大块物料和其他物料分别进行制样和化验，最终结果取两者平均值；

D. 粒度大于150mm大块物料的质量分数可通过以往对同一煤源的煤所作的筛分试验数据确定。

四、简答题

1. 采样和制样的基本过程是什么？

答：首先从分布于整批煤的许多点收集相当数量的一份煤，即初级子样；然后将各初级子样直接合并或缩分后合并成一个总样；最后将此总样经过一系列制样程序制成所要求数目和类型的试验煤样。

2. 煤炭采样和制样的目的是什么？

答：煤炭采样和制样的目的是为了获得一个其试验结果能代表整批被采样煤的试验煤样。

3. 保证所得试样的试验结果的精密度符合要求，采样时应考虑哪些因素？

答：(1) 煤的变异性（一般以初级子样方差衡量）；

(2) 从该批煤中采取的总样数；

(3) 每个总样的子样数目；

(4) 与标称最大粒度相应的试样质量。

4. 采样的精密度与哪些因素有关？

答：采样精密度与被采样煤的变异性（初级子样方差、采样单元方差）、制样和化验误差、采样单元数、子样数和试样量有关。

5. 在何种情况下采用专用采样方案？

答：(1) 采样精密度用灰分以外的煤质特性参数表示时；

(2) 要求的灰分精密度值小于表1-2中所列值时。

表1-2　　采样精密度（A_d，干基灰分）

原煤、筛选煤		精煤	其他洗煤（包括中煤）
$A_d \leqslant 20\%$	$A_d > 20\%$		
但不小于 （绝对值）	±2% （绝对值）	±1% （绝对值）	±1.5% （绝对值）

注　摘自GB 475—2008。

(3) 经有关方同意需另行设计采样方案时。

6. 试简述建立专用采样方案的基本程序。

答：(1) 确定煤源、批量。

(2) 确定欲测定的参数和需要的试样类型。

(3) 确定煤的标称最大粒度、总样和子样的最小质量。

注：标称最大粒度可参考有关发货单确定或目视估计，最好用筛分试验测定。

(4) 确定或假定要求的精密度。

(5) 测定或假定煤的变异性（即初级子样方差和采样单元方差）和制样化验方差。

(6) 确定采样单元数和采样单元的子样数。

(7) 决定所用的采样方法：连续采样或间断采样。

(8) 决定采样方式和采样基：系统采样、随机采样或分层随机采样，时间基采样或质量基采样，并确定采样间隔（min 或 t）。

(9) 决定采样的地点。

(10) 决定将子样合并成总样的方法和制样方法。

7. 分层随机采样有什么好处？

答：采样过程中煤的品质可能会发生周期性的变化，应避免其变化周期与子样采取周期重合，否则将会带来不可接受的采样偏倚。因此可采用分层随机采样。

8. 煤炭分析用煤样有哪几种？

答：煤炭分析用煤样有一般分析用试样、全水分试样、共用试样、物理试样 4 种。

9. 煤样标签或附带文件中应有什么信息？

答：煤样标签或附带文件中应有：煤的种类、级别和标称最大粒度以及批的名称，煤样类型，采样地点、时间、日期。

10. 采样报告包括的内容有哪些？

答：(1) 报告名称。

(2) 委托人的姓名、地址。

(3) 采样方法。

(4) 批煤的大约质量和采样单元数。

(5) 子样数目和总样质量。

(6) 采样器名称和编号。

(7) 气候和其他可能影响试验结果的状况。

(8) 试验试样、仲裁试样和存查试样的最长保存期。

(9) 任何偏离规定方法的采样及其理由，以及采样中观察到的任何异常情况，采样报告的有关信息应附随样品或通告制样人员。

11. 电力企业采取的煤样的种类有哪些？

答：电力企业采取的煤样一般有全水分煤样、一般分析试验煤样、全水分和一般分析试验共用煤样、粒度分析煤样、其他试验如哈氏可磨性指数测定、二氧化碳化学反应性测定等煤样。

12. 什么是煤的基准？常用的基准有哪些？

答：煤所处的状态或者按需要而规定的成分组合称为基准。常用的基准有收到基（以符号 ar 表示）、空气干燥基（以符号 ad 表示）、干燥基（以符号 d 表示）、干燥无灰基（以符号 daf 表示）。

13. 什么是系统采样？什么是随机采样？什么是分层随机采样？

答：按相同的时间、空间或质量间隔采取子样，但第一个子样在第一个间隔内随机采取，其余子样按选定的间隔采取，称为系统采样。

在采取子样时，对采样的部位和时间均不施加任何人为的意志，能使任何部位的煤都有相同的概率采出，称为随机采样。

在质量基采样和时间基采样划分的质量或时间间隔内，随机采取一个子样称之分层随机采样。它和系统采样的区别在于系统采样子样间的质量或时间间隔一定，随机分层采样不一定，且随机变化。

14. 采样的技术要点有哪些？

答：(1) 采取足够的子样数目。

(2) 子样质量及总样质量要满足标准规定要求。

(3) 子样分布要合理，即子样布点要满足随机或系统布点的原则，采样深度也要满足要求。

(4) 采样工具要符合要求。

15. 在什么情况下宜将一批煤分成数个采样单元？

答：(1) 提高采样的精密度，使之达到要求的值。

(2) 保持试样的完整性，即避免试样采取后产生偏倚，特别是减小试样由于放置而产生的水分损失。

(3) 当采样周期很长时，便于管理。

(4) 使试样量不致太大，便于处理。

16. 移动煤流采样机械机械化采样器的基本条件是什么？

答：(1) 能无实质性偏倚地收集子样并被权威性的试验所证明。

(2) 能在规定条件下保持工作能力。

17. 移动煤流采样机械采样器设计和生产要求是什么？

答：(1) 足够牢靠，能在可预期到的最坏的条件下工作。

(2) 有足够的容量以收集整个子样或让其全部通过，子样不损失、不溢出。

(3) 能自我清洗，无障碍，运转时只需极少量的维修。

(4) 能避免样品污染，如停机时杂质进入，更换煤种时原先采样的煤滞留。

(5) 被采样煤的物理化学特性变化，如水分和粉煤损失、粒度分析样的粒度离析降至最低程度。

18. 横过皮带采样切割器应满足哪些要求？

答：(1) 切割器应沿与皮带中心线相垂直的平面切取煤流。

(2) 切割器应切取一完整的煤流横截段。截段横断面可以垂直于皮带中心线，也可与之成一定的倾角。

（3）切割器应以均匀的速度（各点速度差不大于10%）通过煤流。

（4）切割器的开口尺寸至少应为被采样煤标称最大粒度的3倍，初级子样切割器的开口不能小于30mm。

（5）切割器应有足够的容量，足以容纳于最大煤流量下切取的整个子样。

（6）切割器边板的弧度应与皮带的曲率相匹配，边板和后板与皮带表面应保持一最小距离，不直接与皮带接触，后板上配有扫煤刷子或弹性刮板。

19. 煤样标签或附带文件应有哪些信息？

答：（1）煤的种类、级别和标称最大粒度以及批的名称（船或火车名及班次）。

（2）煤样类型（一般分析试验煤样、水分煤样等）。

（3）采样方法。

（4）批煤的大约质量和采样单元数。

（5）总样质量及标称最大粒度。

（6）采样地点、日期和时间。

（7）制样地点、日期和时间。

（8）采样器名称和编号。

（9）气候和其他可能影响试验结果的状况。

（10）其他有关信息，如水分煤样的空气干燥损失率等。

20. 使用质量基采样时，应满足的要求有哪些？

答：（1）并入总样的各个子样的质量变异系数应小于20%。

（2）煤流流量和子样质量间无相关性。

21. 煤炭采样的方式有哪些？

答：（1）煤炭采样按采样单元的取舍划分，可分为连续采样和间断采样。

（2）煤炭采样按子样分布方式划分，可分为系统采样、随机采样和随机分层采样。

（3）煤炭采样按子样间隔的物理量划分，可分为时间基采样和质量基采样。

22. 什么是采样精密度？如何理解采样精密度？

答：在规定条件下所得到的独立实验结果间的符合程度叫做精密度。在煤炭分析中所说的采样精密度是采样、制样和化验总精密度的简称，常用对一批煤进行单次采样、制样和化验所得品质参数值与对同一批煤源、相同特性的若干批煤进行大量次数采样、制样和化验所得品质参数的平均值的差值表示。

煤炭采样精密度在数值上取各次测定值与平均值的差值、在95%置信概率下的最大值。这就意味着如对一批煤进行大量次数采样、制样和化验，则各样所得品质参数在95%概率下落在平均值精密度范围内；或者说如对一批煤进行单次采样、制样和化验，所得品质参数与对该批煤进行大量次数采样、制样和化验所得品质参数平均值相比，在95%概率下相差在精密度范围内。

23. 何谓静止煤？如何对静止煤采样？

答：静止煤是指火车、汽车、驳船和轮船载煤及煤堆煤。

(1) 静止煤采样方式可以是系统采样、随机采样或分层随机采样，但只用质量基采样。

(2) 静止煤采样应尽可能用机械方法进行全深度采样或深部分层采样；采样单元可以是一列车、一节或数节车厢、一条或数条驳船以及一定时间周期内发出或接受的全部汽车；子样数和子样质量应符合 GB/T 19494.1—2004 或 GB 475—2008 要求。

(3) 静止煤采样的子样应沿煤的表面和深度立体分布，一般是将煤的表面分成若干边长 1～2m 的面积相等的小块，然后用系统采样法或随机采样法从中选出一个或多个小块，再从每一选中的小块采取 1 个全深度或深部分层子样。

24. 静止煤机械螺杆采样机的基本要求是什么？

答：(1) 螺杆的螺距和环距应不小于被采样煤标称最大粒度的 3 倍。

(2) 螺杆应能钻入煤层至底部，或采取一全煤柱煤样，或采取一分层煤样。在后一种情况下，螺杆的长度至少应为被采样煤厚度的 1/3。

(3) 螺杆的螺旋和螺筒的配合应尽可能紧密，不漏煤。

(4) 螺杆的结构、容量和运行速度应保证不将大块煤或矸石排除在外；同时煤样不会充满采样器而溢出。

25. 如何用停皮带法采取参比煤样？

答：采样工具：它由两块平行的边板构成，板间距离至少为被采样煤标称最大粒度的 3 倍，边板底缘弧度与皮带表面弧度相近。

采样方法：将采样框放在运行的煤流上，并使两边板与皮带中心线垂直。将边板插入煤流至底缘与皮带表面接触，然后全部收集边板间的煤作为一个子样。插入边板时，阻挡边板进入煤流的煤粒，按左取右舍或相反的方式处理，即阻挡左边板进入的煤粒收入煤样，阻挡右边板进入的煤粒弃去；或者相反。考试怎样取舍，在整个采样过程中也怎样取舍。

26. 为什么要进行偏倚试验？

答：导致采样系统偏倚的原因很多，除设计不当外，系统的实际运行功能缺陷也是偏倚的重要来源，如：

(1) 运行不当，子样定界或抽取不正确，实际切割速度和切割频率与设计不符，供料不均匀等。

(2) 采样周期和煤炭质量及品质变化周期重合。

(3) 子样定时或定位不正确，即采样基不符合要求，如时间基采样的子样质量与煤流流量不成正比或质量基采样的子样质量不恒定。

(4) 采取的子样失去完整性，如煤样溢出、洒漏和水分损失等。

(5) 部件污染堵塞，密封件、摩擦件和可调节件等损坏。

因此，采样系统应定期进行偏倚试验。

27. 如何用人工钻孔法采取参比煤样？

答：采样工具：一可插煤层的圆筒，筒直径不小于被试验采样器开口尺寸并被采样煤标称最大粒度的 3 倍以上。采样筒可由 2～3 节构成，总长度不小于被采样煤层全厚度。

采样方法：在静止煤采样器采样点旁边、煤的状态未被扰乱的部位，将采样筒分步或分节插入煤层，插入一定深度，取出一部分试样，直至煤层底部，将全部试样合成一子样。阻挡采样筒插入的煤粒，按左半圆取、右半圆舍或相反的方式处理，即阻挡左半圆插入的煤粒收入煤样，阻挡右半圆插入的煤粒弃去；或者相反。开始怎样取舍，在整个采样过程中也怎样取舍。

28. 什么是标称最大粒度？

答：与筛上累计质量分数最接近但不大于5%的筛子所对应的筛孔尺寸称为标称最大粒度。

29. 如何测定煤炭的标称最大粒度和粒度大于150mm的块煤比例？

答：(1) 取1个基本采样单元煤量（1000t或5000t），用系统采样方法从中至少采取25个子样，然后将各子样合并准确称量，称量到0.5kg，合成总样和质量至少为1700kg。采样时应避免煤粒破损，于移动煤流中采样应用停皮带采样法，于静止煤中采样应用人工挖取法。

(2) 分别用筛孔孔径为150mm、100mm、50mm和25mm的圆孔筛筛分并准确称量各筛上物质量，准确到0.5kg。分别计算各筛上物对总样的质量分数，取筛上物累计质量分数最接近但不大于5%的筛子孔径为煤的标称最大粒度。

30. 根据GB 475—2008基本采样方案采样精密度的规定和GB 474—2008《煤样的制备方法》制样和化验总方差的规定，说明对于一采样单元采样这个环节的方差占采制化总方差的比例为80（%）。

答：

$$V_T = V_C + V_Z + V_h$$

式中　V_T——采制化总方差，

V_C、V_Z、V_h——总样采、制、化方差。

按GB 475—2008及采样精密度含义为

$$P = 2\sqrt{V_T}$$

式中　P——采制化总精密度。

因此

$$V_T = 0.25P^2$$

按GB 474—2008知

$$V_Z + V_h = 0.05P^2$$

因此采样方差为

$$V_C = V_T - (V_Z + V_h) = 0.25P^2 - 0.05P^2 = 0.20P^2$$

$$\frac{V_c}{V_T} = \frac{0.20A^2}{0.25A^2} \times 100 = 80(\%)$$

31. 某火力发电厂采用火车运煤和螺旋卸煤机卸煤，每批煤量根据供应商不同为300～1800t，煤的标称最大粒度为50mm，品种为原煤，采用人工采样。采样工作情况如下：采样工具使用宽为150mm、长为300mm、深约100mm的采样铲。每节车厢一律采取4个子样。每个子样质量约为3.5kg。4个子样分布方法如下：当卸煤机去掉上部约400mm顶层后，用抽签的方法在露出的表面划分的 14 个等分格的几何中心表面（如图 1-1 所示）分布 2 个子样。当卸煤机去掉煤的 2/3 高度（距车底 500mm），用抽签的方法在露出的表面余下的其他等分格的几何中心表面（如图 1-1 所示）分布 2 个子样。另一车厢子样分布在余下的其他等分格的几何中心，依次类推。每节车厢 2 个子样的位置均不相同。

1	3	5	7	9	11	13
2	4	6	8	10	12	14

图 1-1　划分区域图

采样时铲子与采样表面垂直（或成一定倾角）插入，一次取出足量合适的样品，同时保证样品特别是大块不会从铲子中溢出或滑落。抽取子样时不会有意地将大块物料（煤或矸石）推到一旁，一个采样单元内每个子样量大致相等。抽出样品完整地转入容器中，不洒落。

试根据采样原理并参照 GB 475—2008 规定分析该厂采样方法的正确合理性。

答：采样正确合理性表现在：

（1）采样工具符合要求。

（2）子样数目满足要求且比规定最少子样数目多得多，在最少批量 300t 时子样数目为 20，因此采样精密度达到规定要求是有保障的。

（3）最少子样重量符合要求。

（4）车厢各部分煤充分暴露，子样分布采用深部分层法，位置用抽签的方法确定，更符合随机采样原理。

（5）总样质量批量在 600t 即 12 节车以上时才能满足要求，但不会显著影响采样精密度。

（6）子样抽取符合要求。

总之，该厂采样方法基本符合 GB 475—2008 规定。

32. 试叙述采样精密度核验方法之一的多份采样法的试验步骤。

答：（1）选定一测定参数，如干基灰分，建立一要求精密度下的采样方案。

（2）按采样方案，将该批煤分为 m 个采样单元，每个采样单元采取 n 个子样，将 $n\times m$ 个子样依次轮流放入 j 个容器中，合并成 j 个试样（j 不能小于 m，且不能小于 10）。

（3）按以下公式计算总体标准差试样估算值 S 和精密度 P，即

$$S=\sqrt{\frac{\sum x_i^2-(\sum x_i)^2/n}{n-1}}$$

$$P=\frac{2s}{\sqrt{j}}$$

（4）从 GB/T 19494.3—2004《煤炭机械化采样　第 3 部分：精密度测定和偏倚试验》表 1 中查出自由度为 j 的上、下限因素 a_{u} 和 a_{L}，然后计算精密度上、下限，据此求得真实精密度范围。

（5）若要求的精密度落在该范围且上限值小于最差允许精密度，说明该采样方案满足要求。

若要求的精密度小于范围的下限值，说明该采样方案不满足要求，需重新设计采样方案。

若要求的精密度大于范围的上限值，说明该采样方案优于精密度的要求。

33. 火车煤采样和汽车煤采样时的车厢选择有何差异？

解：火车车厢的选择：

当要求的子样数等于或少于一采样单元的车厢数时，每一车厢应采取一个子样；当要求的子样数多余一采样单元的车厢数时，每一车厢应采的子样数等于总子样数除以车厢数，如除后有余数，则余数子样应分布于整个采样单元。分布余数子样的车厢可用系统方法选择（如每隔若干车增采一个子样）或用随机方法选择。

汽车车厢的选择：

（1）载重 20t 以上的汽车，按火车采样方法选择车厢。

（2）载重 20t 以下的汽车，按下述方法选择车厢：当要求的子样数等于一采样单元的车厢数时，每一车厢采取一个子样；当要求的子样数多于一采样单元车厢数时，每一车厢的子样数等于总子样数除以车厢数，如除后有余数，则余数子样应分布于整个采样单元。分布余数的车厢子样的车厢可用系统方法或随机方法选择；当要求的子样数少于车厢数时，应将整个采样单元均匀分布成若干段，然后用系统采样或随机采样方法，从每一段采取一个或数个子样。

34. 如何对移动煤流进行采样？

答：移动煤流子样可于输送皮带上的煤流中或皮带端部的落流中采取。采样方法可用时间基或质量基系统采样或分层随机采样方式进行。从操作方便和经济的角度出发，时间基采样较好。

移动煤流采样应用机械方法，在流量小于 400t/h 下，允许用人工方法于煤流落流中采样。采样时应保证截取一完整的煤流横截断作为一个子样，子样不能充满采样器或从采样器中溢出。试样应尽可能从流速和负荷都较均匀的煤流中采取，应尽量避免煤流的负荷和品质变化周期与采样器的运行周期吻合，以免导致采样偏倚。如果避免不了，则应采用分层随机采样。

35. 简述机械化采样机偏倚试验的原理和主要步骤。

答：偏倚试验原理是对同一种煤采取一系列成对试样，一个用被试验的采样系统或其部件采取，另一个用一参比方法采取，然后测定每对试样的试验结果间的差值，并对这些差值进行统计分析，最后用 t 检验进行判定。

偏倚试验步骤如下：

（1）预检验。

（2）决定参比采样方法和地点。

（3）决定测定参数。

（4）选择试验煤炭。

（5）决定最大允许偏倚。

（6）决定试样对的组成，即试样是由一个子样或多个子样组成。

（7）进行采样和统计分析。

五、计算题

1. 一列火车拉有不同品种的煤分别如下，且每节 60t。

（1）1～12 节原煤粒度大于 100mm 给甲电厂。

（2）13～20 节精煤粒度小于 100mm 给甲电厂。

（3）21～25 节精煤粒度小于 100mm 给乙电厂。

（4）26～45 节原煤粒度大于 50mm 给乙电厂。

（5）46～60 节原煤粒度大于 100mm 给乙电厂。

问：（1）至少划分几个采样单元？

（2）分别至少采取多少个子样？总样质量为多少？

解：（1）可划为 4 个采样单元，第 1 与第 5 可划为一个采样单元，其他各为一个采样单元。

（2）第一个采样单元共 27 节，原煤每节采 3 点应采 81 个子样；粒度大于 100mm 每个子样量为 5kg，总样质量为 81×5kg=405kg。

第二个采样单元 13～20 节，精煤每节采一点共采 8 个子样；因为不符合按比例递减 10 子样的要求，所以应采 10 个子样，粒度小于 100mm 总样量为 10×4kg=40kg。

第三个采样单元 21～25 节，精煤每节采一点共采 5 个子样；不符合 GB 475—2008《商品煤样人工采取方法》最少采子样数 6 个，因此应按 6 个子样采取。粒度小于 100mm 总样量为6×4kg=24kg。

第四个采样单元 26～45 节，原煤每节采 3 点共采 60（n）个子样；因为 20 节为 1200t（m）按公式计算 $N = n\sqrt{\frac{M}{1000}} = 60 \times \sqrt{\frac{1200}{1000}} = 60 \times 1.1 = 66$（个）子样；原煤粒度大于 50mm 总样量为 66×4kg=144kg。

2. 一批 40000t（M）洗中煤由皮带输送装船，要求采样精密度为 1.5%（P_L，灰分），已知：初级子样方差 V_I=10.0；制样和化验方差 V_{PT}=0.2。

求每一采样单元子样数。

解：取 5000t 为起始采样单元，按公式计算采样单元数为

$$m = \sqrt{\frac{40000}{5000}} = 3(\text{个})$$

按公式计算每一采样单元子样数为

$$n = \frac{4V_I}{2P_L - 4V_{PT}} = \frac{4 \times 10.0}{2 \times 1.5^2 - 4 \times 0.2} = 11(\text{个})$$

答：每一个采样单元子样数为 11 个。

3. 某火力发电厂燃煤由海船供应，为了能获得有代表性的煤样，该厂在码头卸煤皮带

输送机上使用横过皮带采样器采取煤样。海轮 3 个仓共载煤 30000t（M），皮带输送机额定出力为 2000t/h，采样器开口宽度为 200mm，采样器以平均速度 2.4m/s 通过皮带，问采样器初级子样质量是多少？如果每个采样单元采取 150 个初级子样（n），按时间基采样方式分布，采样时间间隔是多少 min？

解：(1) 采样单元数：确认按仓分采样单元，为 3 个。

(2) 平均每个采样单元煤量为

$$M/3 = 30000/3 = 10000(\mathrm{t})$$

(3) 采样器初级子样质量为

$$m = \frac{Cb \times 10^{-3}}{3.6v} = \frac{2000 \times 200 \times 10^{-3}}{3.6 \times 2.4} = 47(\mathrm{kg})$$

式中　m——初级子样质量，为 kg；

C——煤流量，t/h；

b——采样器开口尺寸，mm；

v——采样器速度，m/s。

(4) 采样时间间隔为

$$\Delta T = \frac{60m}{Gn} = \frac{60 \times 10000}{2000 \times 150} = 2.0(\mathrm{min})$$

式中　ΔT——时间间隔，min；

m——采样单元煤量，t；

G——煤流量，t/h。

4. 某火力发电厂采用双倍子样数双份采样方法测定某一批煤的采样精密度。该批煤共划分为 10 个采样单元，每个采样单元所采子样数为 60，每次采样时子样依次轮流放入 A、B 两容器中，合并成一对双份试样。然后分别制样和测定水分和灰分，每个试样的干基灰分测定结果见表 1-3。

表 1-3　每个试样的干基灰分测定结果

采样单元号	A_d (%)		采样单元号	A_d (%)	
	A	B		A	B
1	10.04	9.94	6	13.50	12.88
2	10.07	11.04	7	11.68	10.78
3	10.48	10.69	8	10.88	10.62
4	14.78	15.94	9	10.04	10.45
5	14.77	14.53	10	11.07	11.10

试计算该批煤单个采样单元的采样精密度和该批煤 10 个（n）采样单元灰分平均值的采样精密度以及初级子样方差？（假定制样和化验方差为 0.20）

解：计算标准差 S 为

$$S = \sqrt{\frac{\sum_{i=1}^{n} d_i^2}{2n}}$$

$$=\sqrt{\frac{\begin{array}{c}(10.04-9.94)^2+(10.07-11.04)^2+(10.48-10.69)^2+(14.78-15.94)^2+\\(14.77-14.53)^2+(13.50-12.88)^2+(11.68-10.78)^2+(10.88-10.62)^2+\\(10.04-10.45)^2+(11.07-11.10)^2\end{array}}{2\times 10}}$$

$$=\sqrt{\frac{3.8292}{20}}=0.438$$

单个采样单元的采样精密度 $P=2S=2\times 0.438=0.88$

平均值的采样精密度 $P=\frac{2S}{\sqrt{n}}=\frac{2\times 0.438}{\sqrt{10}}=0.28$

初级子样方差 $V_1=\frac{mnP^2}{4}-nV_{PT}=\frac{10\times 60\times 0.28^2}{4}-60\times 0.20=-0.24$

5. 表 1-4 为一特定批煤采样试验结果数据表。试计算该批煤的最佳采样精密度。

表 1-4　　特定批煤采样试验结果数据表

样号	灰分值 A_d（%）
1	15.30
2	17.10
3	16.50
4	17.20
5	15.80
6	16.40
7	15.70
8	16.30
9	18.00
10	16.70

解：统计量计算结果见表 1-5。

表 1-5　　统计量计算结果

样号	灰分值 A_d（%）	A_d^2
1	15.30	234.09
2	17.10	292.41
3	16.50	272.25
4	17.20	295.84
5	15.80	249.64
6	16.40	268.96
7	15.70	246.49
8	16.30	265.69
9	18.00	324.00
10	16.70	278.89
求和	165.00	2728.26

重复试样的数目 $j=10$，平均结果为 165/10=16.5%

试样总体标准差 S 为

$$S=\sqrt{\frac{\sum_{i=1}^{10}A_{di}^2-\frac{(\sum_{i=1}^{10}A_{di})^2}{j}}{j-1}}=\sqrt{\frac{2728.26-\frac{165^2}{10}}{10-1}}=0.800$$

批煤平均灰分精密度最佳估计值为

$$P=\frac{2S}{\sqrt{j}}=\frac{2\times0.800}{\sqrt{10}}=0.506\%$$

从 GB/T 19494.3—2004《煤炭机械化采样　第 3 部分：精密度测定和偏倚试验》表 1 中查得自由度为 10 时，$a_u=1.75$，$a_L=0.70$，则

$$a_uP=1.75\times0.506=0.89(\%)$$

$$a_LP=0.70\times0.506=0.35(\%)$$

该批煤的真实精密度在 95%置信概率下落在 0.35%～0.89%之间。

6. 一批 4000t 筛选煤由两列火车发运，要求采制化总精密度为 0.4%（灰分），已知：$V_1=5.0$，$V_{PT}=0.2$，求每一采样单元的子样数。

解：采样单元数为

$$m=\sqrt{\frac{M}{1000}}=\sqrt{\frac{4000}{1000}}=2$$

$$n=\frac{4V_1}{mP_L^2-4V_{PT}}=\frac{4\times5}{2\times0.4^2-4\times0.2}=-41.7$$

负数说明制样和化验误差太大，可先确定一采样单元的最大接受子样数为 60，则

$$m=\frac{4V_1+4nV_{PT}}{nP_L^2}=\frac{4\times5+4\times60\times0.2}{60\times0.4^2}=7.08\approx8$$

$$n=\frac{4V_1}{mP_L^2-4V_{PT}}=\frac{4\times5}{8\times0.4^2-4\times0.2}=41.7\approx42$$

即分 8 个采样单元，每个采样单元采 42 个子样。

7. 某火力发电厂由火车运来一列原煤共 40 节，每节载煤 60t，采用机械采样装置连续采样，假定该批煤的初级子样方差为 45，预期采样精密度为±1.4%，制样方为 0.2。按照 GB/T 19494.1—2004《煤炭机械化采样　第 1 部分：采样方法》每个采样单元最少子样数是多少？

解：最少子样数为

$$n=\frac{4V_1}{mP_L^2-4V_{PT}}=\frac{4\times45}{1.4^2-4\times0.2}=96(\text{个})$$

8. 给某热电公司供应的某矿煤，煤质比较稳定，历史筛分试验数据表明粒度大于 150mm 的大块物料占 4.5%。现对该批煤进行采样、制样和化验，粒度大于 150mm 的大块物料的 $Q_{net,ar1}$（收到基低位发热量）为 21.35MJ/kg，粒度小于 150mm 煤的 $Q_{net,ar2}$ 为 18.54MJ/kg，问该批煤的 $Q_{net,ar}$ 是多少？

解：
$$Q_{net,ar}=\frac{Q_{net,ar1}\times4.5+Q_{net,ar2}\times(100-4.5)}{100}$$

$$= \frac{21.35 \times 4.5 + 18.54 \times (100 - 4.5)}{100} = 18.66(\text{MJ/kg})$$

9. 某火力发电厂燃煤由海船供应，为了能获得有代表性煤样，该厂在码头卸煤皮带输送机上使用落煤流采样器采取煤样。一艘海船运煤 30000t，标称最大粒度 50mm 皮带输送机平均出力（c）为 1500t/h，皮带运行速度 v_1为 2.5m/s，采样器开口宽度（b）为 150mm，采样器以速度（v）1.2m/s 切割煤流采取子样，按照 GB/T 19494.1—2004《煤炭机械化采样　第 1 部分：采样方法》将批煤划分 3 个采样单元，问采样器采取的初级子样质量是多少？如果该批煤初级子样方差为 30（V_1），制样和化验方差（V_{PT}）为 0.10，预期采样精密度按干基灰分计为±1.00%。试按照 GB/T 19494.1—2004《煤炭机械化采样　第 1 部分：采样方法》规定计算煤流采样器每个采样单元至少采取多少个初级子样？如按时间基采样方式分布初级子样，采样时间间隔是多少（min)？如果改为皮带中部横过煤流采样器，采样器采取的初级子样质量又是多少？

解：（1）采样器采取的初级子样质量为

$$m_1 = \frac{Cb \times 10^{-3}}{3.6v} = \frac{1500 \times 150 \times 10^{-3}}{3.6 \times 1.2} = 52(\text{kg})$$

（2）每个采样单元初级子样数为

$$n = \frac{4V_1}{mP_L^2 - 4V_{PT}} = \frac{4 \times 30}{3 \times 1^2 - 4 \times 0.1} = 47$$

（3）采样时间间隔为

$$\Delta T = \frac{60M}{Gn} = \frac{60 \times 10000}{1500 \times 47} = 8.5\text{min}$$

（4）横过皮带采样器初级子样质量为

$$m_2 = \frac{Cb \times 10^{-3}}{3.6v_1} = \frac{1500 \times 150 \times 10^{-3}}{3.6 \times 2.5} = 25(\text{kg})$$

10. 某火力发电厂采用例行子样数双份采样法核定入炉煤的机械采制样装置采样精密度。以每天全部入炉煤为采样单元，采样精密度试验时连续进行 10 个采样单元（n），每个采样单元采取子样数 40，子样分别依次轮流放入 A、B 两容器中，合并成一对双份煤样。然后分别制样和测定水分、灰分，干基灰分测定结果见表 1-6。

表 1-6　　干基灰分测定结果

采样单元号	A_d（%）		采样单元号	A_d（%）	
	A	B		A	B
1	26.45	27.13	6	29.08	30.42
2	29.46	28.31	7	28.50	29.02
3	27.30	27.93	8	25.14	25.78
4	26.98	26.10	9	26.78	26.23
5	26.55	25.10	10	27.84	28.90

试计算单个采样单元的采样精密度（按干基灰分计）及其 95%置信范围。根据上述结果能否判定实际采样精密度达到了预期采样精密度（按干基灰分计）不超过 1.60%的要求？

（在观测数为 10 时精密度上下限因数分别为 0.70 和 1.75）。

$$解：S=\sqrt{\frac{\sum_{i=1}^{10}d_i^2}{2n}}$$

$$=\sqrt{\frac{(26.45-27.13)^2+(29.46-28.31)^2+(27.30-27.93)^2+(26.98-26.10)^2+(26.55-25.10)^2+(29.08-30.42)^2+(28.50-29.02)^2+(25.14-25.78)^2+(26.78-26.23)^2+(27.84-28.90)^2}{2\times 10}}$$

$$=0.669$$

单个采样单元的采样精密度为

$$P=\frac{2S}{\sqrt{2}}=\frac{2\times 0.669}{\sqrt{2}}=0.95(\%)$$

采样精密度下限为

$$a_{\mathrm{L}}P=0.70\times 0.95=0.66(\%)$$

采样精密度上限为

$$a_{\mathrm{U}}P=1.75\times 0.95=1.66(\%)$$

实际采样精密度的上限估计值 1.66%超过最差允许采样精密度 1.60%，不能做出实际采样精密度达到了预期采样精密度的结论，还须进一步做更多对数的双份试验。

11. 某火力发电厂采用多份采样方法测定某一煤矿 10000t 来煤的采样精密度。共采 5 个采样单元，每个采样单元采取 60 个子样，依次轮流放入 1，2，3，…，10，共 10 个容器中，合并成 10 个分样，然后分别制样和测定水分、灰分，制样和化验方差为 0.20，每个分样的干基灰分测定结果见表 1-7。

表 1-7　　每个分样的干基灰分测定结果

分样号	A_d（%）	分样号	A_d（%）
1	25.12	6	21.10
2	25.78	7	25.40
3	28.50	8	24.80
4	29.80	9	26.50
5	24.30	10	29.00

试计算该批煤采样精密度及其 95%置信范围。根据上述结果能否判定该批煤实际采样精密度达到了预期采样精密度（按干基灰分计）不超过 1.00%的要求？（在观测数为 10 时精密度上、下限因数分别为 0.70 和 1.75）。如果该批煤未达到预期采样精密度，今后对该煤矿类似一批煤如何调整采样方案？

解：（1）单个份样标准差为

$$S=\sqrt{\frac{\sum_{i=1}^{10}x_i^2-\frac{\left(\sum_{i=1}^{10}x_i\right)^2}{n}}{n-1}}$$

$$=\sqrt{\frac{(25.12^2+25.78^2+28.50^2+29.80^2+24.30^2+21.10^2+25.40^2+24.80^2+26.50^2+29.00^2)-\frac{(25.12+25.78+28.50+29.80+24.30+21.10+25.40+24.80+26.50+29.00)^2}{10}}{10-1}}$$

$$=\sqrt{\frac{6835.06-\frac{260.3^2}{10}}{9}}$$

$=2.57$

批煤采样精密度为

$$P=\frac{2S}{\sqrt{n}}=\frac{2\times 2.57}{\sqrt{10}}=1.63\%$$

（2）采样精密度下限为

$$a_L P=0.70\times 1.63=1.14(\%)$$

采样精密度上限为

$$a_U P=1.75\times 1.05=2.85(\%)$$

（3）实际采样精密度的下限估计值 1.14%超过最差允许采样精密度 1.00%，实际采样精密度未达到预期采样精密度。

（4）该批煤初级子样方差为

$$V_1=\frac{mnP^2}{4}-nV_{PT}=\frac{10\times 30\times 1.63^2}{4}-30\times 0.2=193.3$$

对该煤矿类似一批煤拟将采样单元增加到 10 个，每个采样单元初级子样数为

$$n=\frac{4V_1}{mP^2-4V_{PT}}=\frac{4\times 193.3}{10\times 1^2-4\times 0.2}=84$$

调整采样方案答案不是唯一的。

12. 某火力发电厂由火车运来 2000t 煤，其中洗中煤占 3/4，其他为原煤，车皮容量为 50t。制定专用采样方案时，假定洗中煤采样精密度 $P_L=\pm 1.5\%$，初级子样方差 $V_I=5$，制样和化验方差 $V_{PT}=0.2$，原煤采样精密度 $P_L=\pm 2.0\%$，制样和化验方差 $V_{PT}=0.2$。根据 GB 475—2008《商品煤样人工采取方法》进行人工采样，将洗中煤和原煤分别作为一个采样单元，问按基本采样方案和专用采样方案各应采取多少个子样？

解：（1）火车装载洗中煤的煤量为

$$M_1=2000\times 3/4=1500(t)$$

根据基本采样方案，则

$$N=n\sqrt{\frac{M_1}{1000}}=20\times\sqrt{\frac{1500}{1000}}=25$$

根据专用采样方案，则

$$N=\frac{4V_I}{P_L^2-4V_{PT}}\sqrt{\frac{M}{M_0}}=\frac{4\times 5}{1.5^2-4\times 0.2}\times\sqrt{\frac{1500}{1000}}=17$$

（2）火车装载的原煤煤量为

$$M_2=2000-1500=500(t)$$

根据基本采样方案，则

$$N=n\times\frac{M_2}{1000}=60\times\frac{500}{1000}=30$$

根据专用采样方案，则

$$N = \frac{4V_I}{P_L^2 - 4V_{PT}} \times \frac{M}{M_0} = \frac{4 \times 20}{2^2 - 4 \times 0.2} \times \frac{500}{1000} = 13$$

13. 某火力发电厂采用驳船运原煤 3800t，到港后，用汽车转运进厂，每辆车厢容量为 30t，拟在汽车车厢中采样，按 GB 475—2008 基本采样方案要求拟按两个采样单元采样，计算：

（1）每个采样单元应最少采取多少个子样？

（2）每个子样多少 kg？

（3）总样最少质量为多少 kg？

（4）预期采样精密度是多少？

（假定煤的最大标称粒度 d 为 50mm，灰分不小于 30%）

解：（1）分为 2 个采样单元，每个采样单元煤量为 1900t，最少子样数为

$$n = N\sqrt{\frac{M}{1000}} = 60 \times \sqrt{\frac{1900}{1000}} = 83$$

（2）每个子样最小质量为

$$m = 0.06d = 0.06 \times 50 = 3(\text{kg})$$

按照 GB 475—2008《商品煤样人工采取方法》中表 4 规定 50mm 对应的总样质量为 270kg，平均质量为

$$\overline{m} = \frac{270}{83} = 2.1(\text{kg})$$

（3）按照 GB 475—2008《商品煤样人工采取方法》中表 4 规定 50mm 对应的总样质量为 270kg。

（4）按照 GB 475—2008《商品煤样人工采取方法》中表 1 规定预期采样精密度为 ±2%（按 A_d/%计）。

14. 某火力发电厂采用双倍子样数双份采样方法测定某一批煤的采样精密度。该批煤共划分为 10 个（m）采样单元，每个采样单元正常子样数 n 为 40，每次采样时子样依次轮流放入 A、B 两容器中，合并成一对双份试样。然后分别制样和测定水分、灰分，每个试样的干基灰分测定结果见表 1-8。

表 1-8

采样单元号	A_d（%）		采样单元号	A_d（%）	
	A	B		A	B
1	26.45	27.13	6	29.08	30.42
2	29.46	28.31	7	28.50	29.02
3	27.30	27.93	8	25.14	25.78
4	26.98	26.10	9	26.78	26.23
5	26.55	25.10	10	27.84	28.90

试计算该批煤单个采样单元的采样精密度和该批煤的采样精密度以及初级子样方差？

[假定制样和化验方差（V_{PT}）为 0.20]

解：标准差为

$$S=\sqrt{\frac{\sum_{i=1}^{10}d_i^2}{2n}}$$

$$=\sqrt{\frac{(26.45-27.13)^2+(29.46-28.31)^2+(27.30-27.93)^2+(26.98-26.10)^2+(26.55-25.10)^2+(29.08-30.42)^2+(28.50-29.02)^2+(25.14-25.78)^2+(27.84-28.90)^2+(27.84-28.90)^2}{2\times 10}}$$

$$=\sqrt{\frac{8.9512}{20}}=0.669$$

单个采样单元的采样精密度为

$$P=2S=2\times 0.669=1.34$$

批煤采样精密度为

$$P_1=\frac{P}{\sqrt{m}}=\frac{1.34}{\sqrt{10}}=0.42$$

初级子样方差为

$$V_1=\frac{mnP^2}{4}-nV_{PT}=\frac{10\times 40\times 0.42^2}{4}-40\times 0.2=10$$

15. 某制造商提供给某厂是机械螺旋采样器，螺距为 150mm，环距为 100mm，螺旋轴的直径为 70mm，螺旋长度（l）为 2000mm。煤的平均堆积密度（ρ）为 0.95t/m³。试计算在全深度采样时，单个子样的质量。

解：单个子样质量为

$$m=\frac{1}{4}\pi d^2 l\rho=\frac{1}{4}\times 3.14\times(0.1+0.1+0.07)^2\times 2\times 950=109\text{kg}$$

答：单个子样质量最少为 109kg。

16. 某火力发电厂采用双倍子样数双份采样方法测定某一批煤的采样精密度。该批煤共划分为 10 个采样单元，每个采样单元正常子样数为 40 个，每次采样时子样依次轮流放入 A、B 两容器中，合并成一对双份试样。然后分别制样和测定水分、灰分，每个试样的干基灰分测定结果见表 1-9。

表 1-9　　干基灰分测定结果

采样单元号	A_d（%）		采样单元号	A_d（%）	
	A	B		A	B
1	28.78	26.56	6	30.06	29.76
2	27.37	26.98	7	29.2	29.3
3	26.42	27.96	8	28.73	28.77
4	28.22	25.53	9	26.6	27.87
5	28.72	27.78	10	28.9	29.47

试计算该批煤单个采样单元的采样精密度和该批煤平均值的采样精密度以及初级子样方差？（假定制样和化验方差为 0.20）

解：$S=\sqrt{\dfrac{\sum d_i^2}{2n}}$

$$=\sqrt{\frac{(28.78-26.56)^2+(27.37-26.98)^2+(26.42-27.96)^2+(28.22-25.53)^2+(28.72-27.78)^2+(30.06-29.76)^2+(29.2-29.3)^2+(28.73-28.77)^2+(26.6-27.87)^2+(28.9-29.47)^2}{20}}$$

$$=\sqrt{\frac{17.61}{20}}=0.94$$

单个采样单元的采样精密度为

$$P=2S=2\times 0.94=1.88$$

平均值的采样精密度为

$$P=\frac{2S}{\sqrt{n}}=\frac{2\times 0.94}{\sqrt{10}}=0.59$$

初级子样方差为

$$V_{\rm I}=\frac{mn}{4}P^2-nV_{\rm PT}=\frac{10\times 40}{4}\times 0.59^2-40\times 0.20=26.81$$

17. 某沿江南方电厂用海轮运输煤炭进厂，该海轮有 4 个仓共运输筛选煤 20000t，干基灰分 $A_{\rm d}$ 为 21.00%～25.00%，煤炭粒度为 25mm，该电厂以一个仓为一个采样单元，按 GB/T 19494.1—2004《煤炭机械化采样　第 1 部分：采样方法》制定的专用采样方案进行采样，问该船煤的预期采样精密度是多少？为了核对该船煤采样精密度，电厂再增加 6 个采样单元煤量即第二船 30000t 煤，对每一采样单元进行双倍子样数双份采样法采样，得到 10 对双份试样，分别制样和化验，其干基灰分 $A_{\rm d}$ 试验数据见表 1-10，试根据试验结果核对第一船煤的采样精密度。

表 1-10　　干基灰分 $A_{\rm d}$ 试验数据

批号	$A_{\rm d}$（%）		批号	$A_{\rm d}$（%）	
	A	B		A	B
1	21.45	22.13	6	23.08	24.42
2	24.46	23.31	7	23.50	24.02
3	22.30	22.93	8	21.14	21.78
4	21.98	21.10	9	22.78	22.23
5	22.55	21.10	10	22.84	23.90

解：（1）根据筛选煤和干基灰分情况，GB/T 19494.1—2004《煤炭机械化采样　第 1 部分：采样方法》中表 1 规定，采样单元精密度 $P_{\rm SL}=\pm 1.6\%$，批煤采样精密度 $P_{\rm L}=\dfrac{P_{\rm SL}}{\sqrt{4}}=$

$\frac{\pm 1.6\%}{2}=\pm 0.8\%$。

（2）计算统计量。

试验得到的采样精密度 P_i 为

$$P_i = 2s = 2\sqrt{\frac{\sum d_i^2}{2n}}$$

$$= 2\sqrt{\frac{\begin{array}{c}(21.45-22.13)^2+(24.46-23.31)^2+(22.30-22.93)^2+(21.98-21.10)^2+\\(22.55-21.10)^2+(23.08-24.42)^2+(23.50-24.02)^2+(21.14-21.78)^2+\\(22.78-22.23)^2+(22.84-23.90)^2\end{array}}{2\times 10}}$$

$$= 2\sqrt{\frac{8.96}{20}} = 2\sqrt{0.448} = 1.34$$

单个采样单元的精密度 P_L 为

$$P_L = \frac{P_i}{\sqrt{4}} = \frac{1.34}{2} = 0.67$$

精密度下限为 $\alpha_L \times P_L = 0.70 \times 0.67 = 0.47$

精密度上限为 $\alpha_U \times P_L = 1.75 \times 0.67 = 1.17$

根据以上核对试验结果，在95%概率下，批煤最佳采样精密度为±0.67%，且精密度落在0.47%～1.17%范围内。原预期采样精密度 P_L 为±0.8%（A_d），说明制定的采样方案能达到预期采样精密度的要求。

18. 某厂进一批火车原煤5000t，用输力（G）为250t/h皮带运输。

已知：标称最大粒度为25mm，初级子样方差 $V_I=15$，制样和化验方差 $V_{PT}=0.2$。采样精密度为1.8%（灰分），按基本采样方案和专业采样方案两种算出子样的个数、子样质量，采取子样的时间间隔。

解：（1）基本采样方案。由已知条件可知

$$A_d = 10P = 10 \times 1.8 = 18\% < 20\%$$

则将该批煤作为一个采样单元时，取1000t作为一个起始采样单元，其子样数为

$$n = N\sqrt{\frac{M}{1000}} = 60 \times \sqrt{\frac{5000}{1000}} = 135$$

采取子样质量为

$$m = 0.06d = 0.06 \times 25 = 1.5(\text{kg})$$

总样质量为

$$n \times m = 1.5 \times 135 = 203(\text{kg}) > 40\text{kg}\text{，符合国标要求}$$

$$\Delta t = \frac{60m_{sl}}{G_n} = \frac{60 \times 5000}{250 \times 135} = 8(\text{min})$$

（2）专用采样方案时。将该煤分为1个采样单元，则

$$n = \frac{4V_I}{mP_0^2 - 4V_{PT}} = \frac{4 \times 15}{1 \times 1.8^2 - 4 \times 0.2} = 25$$

子样质量为

$$m = 0.06d = 0.06 \times 25 = 1.5(\mathrm{kg})$$

总样质量为

$m \times n = 1.5 \times 25 = 37.5(\mathrm{kg}) < 40\mathrm{kg}$，不符合国标要求的最小总样质量。

所以最小子样质量为

$$m = 40/n = 40/25 = 1.6\ (\mathrm{kg})$$

$$\Delta t = \frac{60m_{\mathrm{sl}}}{G_n} = \frac{60 \times 5000}{250 \times 25} = 48(\mathrm{min})$$

19. 某厂进一批火车原煤 20000t(M)，用皮带运输，采用质量基采样。

已知：标签最大粒度为 25mm，初级子样方差 $V_{\mathrm{I}} = 10$，制样和化验方差 $V_{\mathrm{PT}} = 0.5$。采样精密度为 2.0%（灰分），试计算子样的个数和采样取子样的质量间隔。

解：采样单元数为

$$m = \sqrt{\frac{M}{5000}} = \sqrt{\frac{20000}{5000}} = 2$$

每个采样单元煤量为

$$m_{\mathrm{sl}} = \frac{M}{m} = \frac{20000}{2} = 10000$$

每个采样单元子样数为

$$n = \frac{4V_1}{mP^2 - 4V_{\mathrm{PT}}} = \frac{4 \times 10}{2 \times 2^2 - 4 \times 0.5} = 6.7$$

因为最少子样数不能少于 10 个，所以 $n = 10$。

质量间隔为

$$\Delta m = \frac{m_{\mathrm{sl}}}{n} = \frac{10000}{10} = 1000(\mathrm{t})$$

20. 某火力发电厂采用驳船运原煤 3800t，到港后，用汽车转运进厂，每辆车厢容量为 30t，拟在汽车车厢中采样，问按 GB 475—2008 基本采样方案要求拟按两个采样单元采样，计算：

（1）每个采样单元应最少采取多少个子样？

（2）每个子样多少 kg？

（3）总样最少质量多少 kg？

（4）预期采样精密度？

假定煤的最大标称粒度为 80mm，灰分不小于 30%。

解：（1）因为采取两个采样单元，则每个采样单元煤量为 $G/2 = 3800/2 = 1900$（t）。

每个采样单元最少采取的子样数为

$$n = N\sqrt{\frac{M}{1000}} = 60 \times \sqrt{\frac{1900}{1000}} = 83$$

（2）最小子样质量为

$$m_a = 0.06d = 0.06 \times 80 = 4.8(\text{kg})$$

总样质量为

$$m_1 = nm_a = 83 \times 4.8 = 398.4(\text{kg}) < 565\text{kg}$$

所以最小子样质量应为 565/83=6.81（kg）。

（3）总样最小质量为

$$m_2 = nm = 83 \times 6.81 = 565(\text{kg})$$

（4）因为来煤为原煤，且灰分不小于 30%，由 GB 475—2008《商品煤样人工采取方法》可知，预期采样精密度为±2%。

21. 某电厂用多份采样方法对一特定批煤（装有标称最大粒度 d 为 25mm 筛选煤的 60 节火车，每车 60t）进行精密度检验，已知采样程序 $m=3$，$n=20$，要求期望的精密度$P_0=0.5\%$，制样化验方差 $V_{PT}=0.10$。多份采样的试验结果（干基灰分 $A_d\%$）为 16.10、16.61、15.79、16.78、16.73、14.97、17.51、18.43、18.02、19.53。试问实际采样精密度是否达到了期望精密度的要求？如果没有达到要求试另行设计采样方案（至少包括采样单元数、子样数、子样分布、子样质量）。

解：标准差 s 为

$$s=\sqrt{\frac{\sum x_i^2-\frac{(\sum x_i)2}{j}}{j-1}}$$

$$=\sqrt{\frac{\begin{array}{c}16.10^2+16.61^2+15.79^2+16.78^2+16.73^2+14.97^2+17.51^2+18.43^2+\\18.02^2+19.53^2-(16.10+16.61+15.79+16.78+16.73+14.97+17.51\\+18.43+18.02+19.53)^2/10\end{array}}{10-1}}$$

$=1.35$

精密度 P 为

$$P=\frac{2s}{\sqrt{j}}=\frac{2\times 1.35}{\sqrt{10}}=0.85$$

精密度上限为

$$a_U P = 1.75 \times 0.85 = 1.49$$

精密度下限为

$$a_L P = 0.70 \times 0.85 = 0.60$$

因为期望精密度 0.5<下限 0.60，所以实际采样精密度未达到期望精密度。

设计采样方案如下：

采样单元数为

$$m=\sqrt{\frac{M}{1000}}=\sqrt{\frac{60\times 60}{1000}}=2$$

每个采样单元质量为 1800t。

由题可得，初级子样方差为

$$V_1=\frac{m_0n_0P^2}{4}-n_0V_{PT}=\frac{3\times 20\times 0.5^2}{4}-20\times 0.1=1.75$$

则子样数为

$$n=\frac{4V_1}{mP_0^2-4V_{PT}}=\frac{4\times 1.75}{2\times 0.5^2-4\times 10}=70$$

因为每个采样单元为 30 节车厢，每个车厢至少采 2 个子样，其余子样随机分布在车厢内。

最小子样质量为 $0.06d=0.06\times 25=1.5$kg，总样质量为 $70\times 1.5=105(\text{kg})>40$kg

实际采样精密度未达到期望精密度。重新设计采样方案如下：将来煤分为 2 个采样单元，每个采样单元采取 70 个子样，子样最小质量为 1.5kg。将车厢分为 3×6 的 18 个大小相等的小块并分别编号 1～18，每个车厢至少采 2 个子样，其余子样随机分布在车厢内。

22. 某厂来一批 3600t（60 个车皮）粒度小于 50mm 的洗煤，要求采样精密度 P_L 为 0.8%（A_d），由于该种煤煤质均匀，拟进行间断采样。根据以往采样资料知：初级子样方差 $V_I=8$，采样单元方差 $V_m=0.5$，制样化验方差 $V_{PT}=0.1$，求需进行采样的单元数。

解：拟定 $m=6$（每 10 车为一采样单元）；$n=30$（每车采 3 个子样）。

则实际应采样单元数 m_s 为

$$m_s=\frac{4m\left(\frac{V_I}{n}+V_m+V_{PT}\right)}{mP_I^2+4V_m}=\frac{4\times 6\times\left(\frac{8}{30}+0.5+0.1\right)}{6\times 0.8^2+4\times 0.5}=3.56\approx 4$$

据上设计采样程序为：将 60 节车皮每 10 车一组顺序分成 6 个采样单元，用随机方法从 6 个采样单元中选取 4 个，然后从每个采样单元的每个车皮中，用随机方法从 18 个采样点的 3 点中各采取 1 个子样，每个子样约 3kg，分别对 4 个总样进行制备和灰分或其他参数测定，取它们的平均值为该批煤的灰分或其他参数值。

23. 某火力发电厂燃煤由海船供应，为了能获得有代表性煤样，该厂在码头卸煤皮带输送机上使用落煤流采样器采取煤样。海船运煤 60000t(M)，皮带输送机额定出力(C)为 2000t/h，采样器开口宽度(b)为 270mm，采样器以平均速度(v)2.5m/s 通过皮带，问按照 GB/T 19494.1—2004《煤炭机械化采样　第 1 部分：采样方法》该批煤应合理地划分几个采样单元？平均每个采样单元煤量是多少？初级子样质量至少为多少？如果每个采样单元采取 180 个初级子样，按时间基采样分布，采样时间间隔是多少分钟？

解：(1) 采样单元数为

$$m=\sqrt{\frac{M}{M_0}}=\sqrt{\frac{60000}{5000}}=3.46\approx 4$$

(2) 平均每个采样单元煤量为

$$m_{sl} = 60000/4 = 15000(t)$$

（3）采样器初级子样质量 m 为

$$m = \frac{C_b \times 10^{-3}}{3.6v} = \frac{2000 \times 270 \times 10^{-3}}{3.6 \times 2.5} = 60(kg)$$

（4）采样时间间隔 Δt 为

$$\Delta t = \frac{60m_{sl}}{G_n} = \frac{60 \times 15000}{2000 \times 180} = 2.5(min)$$

24. 一批原煤分三批次由火车运到电厂。第一批次 20 节车皮（容量为50t，下同）测得 M_{t1} 为 5.9%，第二批次 30 节车皮测得 M_{t2} 为 7.0%，第三批次 22 节车皮测得 M_{t3} 为 4.7%，问这三批原煤的平均全水分 M_t 是多少？

解：

$$M_t = \frac{m_1M_{t1} + m_2M_{t2} + m_3M_{t3}}{m_1 + m_2 + m_3}$$

$$= \frac{20 \times 50 \times 5.9 + 30 \times 50 \times 7.0 + 22 \times 50 \times 4.7}{20 \times 50 + 30 \times 50 + 22 \times 50} = 6.0\%$$

答：这三批原煤的平均全水分 M_t 为 6.0%。

25. 某火力发电厂采用双倍子样数双份采样方法核验某一采样单元的采样精密度。该批煤共划分为 10 个采样单元，每个采样单元正常子样数为 40，每次采样时子样依次轮流放入 A、B 两个容器中，合并成一对双份试样。然后分别制样和测定空气干燥基水分、灰分，每个试样的干基灰分测定结果见表 1-11。

表 1-11　　　　测　定　结　果

采样单元号	A_d（%）			采样单元号	A_d（%）		
	A	B	$\lvert d_i \rvert$		A	B	$\lvert d_i \rvert$
1	26.45	27.13	0.68	6	29.08	30.42	1.34
2	29.46	28.31	1.15	7	28.50	29.02	0.52
3	27.30	27.93	0.63	8	25.14	25.78	0.64
4	26.98	26.10	0.88	9	26.78	26.23	0.55
5	26.55	25.10	1.45	10	27.84	28.90	1.06

试计算该批煤单个采样单元的采样精密度和该批煤 10 个采样单元平均值的采样精密度？

解：（1）标准差 s 为

$$s = \sqrt{\frac{\sum d_i^2}{2n}}$$

$$= \sqrt{\frac{0.68^2 + 1.15^2 + 0.63^2 + 0.88^2 + 1.45^2 + 1.34^2 + 0.52^2 + 0.64^2 + 0.55^2 + 1.06^2}{2 \times 10}}$$

$$= 0.67\%$$

(2) 单个采样单元的采样精密度为

$$P=2s=2\times 0.67=1.34$$

(3) 该批煤平均值的采样精密度为

$$P_1=\frac{P}{\sqrt{j}}=\frac{1.34}{\sqrt{10}}=0.42\%$$

26. 一列火车，由 52 节车皮组成，运输 3600t（M）原煤，进行机械采样，要求采样精密度为 1.4%(P_1)。已知：该批煤初级子样方差 $V_1=20$，制样和化验方差 $V_{PT}=0.15$，设计采样方案。

解：将整批煤作为一个采样单元采样，即 $m=1$，计算初级子样数为

$$n=\frac{4V_1}{P_1^2-4V_{PT}}\sqrt{\frac{M}{M_0}}=\frac{4\times 20}{1.4^2-4\times 0.15}\sqrt{\frac{3600}{1000}}=112$$

采样方案简述：将该批煤作为一个采样单元，共采取 112 个子样，每节车采 2 个子样，剩余 8 个子样可用系统方法选择采样点进行采样（如每隔 6 个节车增采一个子样）；子样位置的选择：可将车厢表面划分为相等的 18 个正方形区域，用抽签方法决定每节车厢的采样点位置对应的区域，从对应区域中采取一全深度或深部分层煤样作为一个子样。

27. 某火力发电厂运来一批原煤，质量(M)为 1800t，车皮容量为 60t，来煤标称最大粒度小于 100mm，问至少需要采煤样多少 kg?

解：将该批煤作为一个采样单元，因为是原煤在火车上采样，则最少子样数为

$$n=N\sqrt{\frac{M}{1000}}=60\times\sqrt{\frac{1800}{1000}}=81$$

其中来煤标称最大粒度小于 100mm，最少子样质量为

$$m_a=0.06d=0.06\times 100=6(\text{kg})$$

采取的总样质量 m_2 为

$$m_2=nm_a=81\times 6=486(\text{kg})$$

因为 486kg 小于标称最大粒度为 100mm 时最小总样质量 1025kg，所以至少需要采取煤样为 1025kg。

答：至少需要采煤样 1025kg。

28. 一船 20000t(M)的原煤到厂，其灰分 $A_d>20\%$，用流量(G)为 400t/h 的输煤皮带运煤，作为一个采样单元，计算分别用时间基和质量基采样的间隔。

解：已知 $M=20000$t，$A_d>20\%$，$N=60$，则需采取的子样数为

$$n=N\sqrt{\frac{M}{1000}}=60\times\sqrt{\frac{20000}{1000}}=269$$

因为 $t\leqslant 60\times M/Gn=(60\times 20000)/(400\times 269)=11.15(\text{min})$，所以每间隔取 11min 一次。

$m\leqslant M/n=20000/269=74.34(\text{t})$，所以间隔取 74t 一次。

29. 一列火车 50 节，每节 60t 筛选煤发运至某电厂，要求采制化总精密度（P_L）为 1.0%（灰分），已知初级子样方差 $V_1=10.0$，制样化验 $V_{PT}=0.1$，把该批煤作为一个采样

单元，需要采多少个子样？

解：已知 $V_1=10.0$，$V_{PT}=0.1$，$P_L=1.0\%$，则

$$n=\frac{4V_1}{P_1^2-4V_{PT}}\sqrt{\frac{M}{M_0}}=\frac{4\times10}{1^2-4\times0.1}\sqrt{\frac{3000}{1000}}=116(\text{个})$$

答：需要采 116 个子样。

30. 一列火车，由 50 节车皮组成，运输 3000t 筛选煤，要求采样精密度 P_L 为 1.5%（灰分）已知：标称最大粒度 $d=50$mm、$V_I=20$、$V_{PT}=0.15$ 设计采样方案。

解：将整批煤作为一个采样单元，即 $m=1$，计算初级子样数为

$$n=\frac{4V_1}{P_1^2-4V_{PT}}\sqrt{\frac{M}{M_0}}=\frac{4\times20}{1.5^2-4\times0.15}\times\sqrt{\frac{3000}{1000}}=84$$

按 GB 475—2008 规定，这批煤子样最小质量应为 3kg，总子样量为 170kg，则计算总样质量为 246kg，符合 GB 475—2008 要求。

因为按每车采 84÷50≈1.7 个子样不现实，故每车采 2 个子样，所以这批煤共采 100 个子样，总子样量为 300kg。

因此该车分为一个采样单元，每节车厢采取 2 个子样，每个子样质量最少为 3kg，总样最小质量为 300kg。将该车车厢划分为 3×6 的 18 个大小相等的小块并依此编号 1～18。用系统采样法，在第一节车厢中随机决定需要采取的 1 组 2 个子样的位置，随后按照编号相继递增的顺序在其他车采取其他各组子样。

31. 某电厂采用静止煤机械螺杆采样器采样。该机械采样机综合性能报告显示采用的试验煤种干基灰分为 22.50%，采用例行采样方案采样精密度合格、无偏倚。

该厂 4 月来煤标称最大粒度为 30mm，干基灰分为 35.00%左右，煤的平均堆积密度为 1.03t/m^3，每车煤装煤厚度平均为 3m，采样器开口直径为 300mm，采样杆长度为 2.5m。每车采 3 点，采用全深度采样。该机械采样器头部缩分比为 1/15，每点缩分后的煤样存放在采样头后部的容器里（该容器能容纳 30kg 的样品）。每车采完后将样品合并后进入在线制样系统制备，在线制样系统一级破碎机出料粒度为 13mm，破碎后的样品进入给料皮带，采用横过皮带的刮板进行缩分，现场察看给料皮带煤层厚度、流量不均匀，每车煤破碎后的样品切割次数为 2 次，2 次切取的样品质量约为 300g，切割痕迹不明显。

（1）根据所学知识分析上述存在的问题并提出解决措施。

（2）该厂机械采样完成后每批煤试样平均总样质量为 100kg。拟采用全自动制样设备进行制备。若采用 13mm 测定全水分，全水分样品从全自动制样设备采用定质量方式缩分得到。假设该设备采用横过皮带的刮板缩分全水分样品，开口宽度为 40mm(b)，给料皮带速度 $V_b=1.6$m/s，煤流负荷为 25t/h(c)，试简单说明如何获得符合要求的全水分样品及样量？

解：1. 存在的问题及措施

（1）问题：机械采样机性能试验采用的煤样干基灰分明显小于 4 月来煤灰分，即来煤煤质发生较大变化未对设备重新开展精密度和偏倚试验。

措施：当来煤煤质发生较大变化应重新对设备开展精密度和性能试验。

（2）问题：采样杆的长度小于每车煤的装煤厚度，未能采取全深度煤样。

措施：一是可以协调来煤装车煤层厚度小于 2.5m；二是如果来煤装车煤层厚度无法协调改变，应对采样机进行改造，确保采样杠长度超过装车煤层，实现全深度采样。

（3）问题：每点的采样量为 $1/4\times3.14\times d^2\times L\times\rho=1/4\times3.14\times0.32\times2.5\times1.03\times1000=229.6(\text{kg})$

头部缩分后三点的理论采样量为 $229.6\times1/15\times3=45.9(\text{kg})$。由于采样头后部的容器仅能容纳 30kg 的煤，会造成每车第三点的煤样不能完整保留。

措施：增加容器容积，确保容器能完整容纳缩分后三点样品的煤样总质量。

（4）问题：

1）在线制样系统给料皮带未安装整流器造成煤流厚度、负荷不均匀；切割次数 2 次不满足要求（不能满足每一切割样至少再切割一次的要求），且切割子样未能分布整个给料煤流，很可能造成最后从破碎机出来的样品切割不到。

2）2 次切取的样品质量约为 300g，小于 2 个子样最小子样质量 338g 的要求。

3）切割痕迹不明显，说明每次切割未能采到煤流全断面煤样。

措施：

1）在给料皮带头部安装煤流整形器，确保煤流厚度、负荷均匀，查看横过皮带刮板扫煤皮子硬度及与皮带的距离是否合适并进行调整，确保采取煤流全断面煤样。

2）可缩短缩分器切割时间或调慢给料皮带运行速度，增加切割次数。

3）可通过增加缩分器开口宽度或降低给料皮带速度增加单个子样的最小质量。

2. 说明

（1）全水分煤样要有代表性，首先要满足质量不少于 3kg。入料煤为机械采样缩分后的样品切割次数要满足不少于 60 次，单个切割样最小子样质量不少于 169g，且要分布于整个入料流中。

（2）得到的全水分最少样品质量为

$$C\times b\times10^{-3}/(3.6\times V_b)\times60=25\times40\times/(3.6\times1.6)\times60=10.41(\text{kg})$$

理论总样质量要满足：$169\times60/1000=10.14(\text{kg})$。

$10.41>10.14$，符合要求。

32. 某电厂新购买一台机械螺旋杆火车采样机，其螺距为 140mm，环距为 160mm，螺杆的长度为 0.8m。日常采样一批次 4200t 筛选煤（60 节车厢组成），火车车厢高度约为 2.5m，采样精密度 $P=0.9\%$，$m_0=2$，$n_0=30$。该采样机的性能试验检验报告显示取最大允许偏倚 $B=2.0\%$时不存在实质性偏倚，测定的 $V_{PT}=0.20$，在线制样系统对初级子样的切割次数为 3。问电厂使用的机械化采样设备存在哪些问题？

设备调整后用多份采样法进行精密度检验，测定的采样精密度为 1.5%，问采样精密度有没有达到要求？如果没有达到要求试设计一个采样方案进行采样。

解：（1）此采样设备主要存在以下问题：

1）螺杆的螺距小于被采样煤标称最大粒度的 3 倍。

2）螺杆的长度达不到被采样煤层厚度的 1/3。

3）在线制样系统对初级子样的切割次数为 3，不符合要求应至少为 4 次。

4）最大允许偏倚(B)为 2.0%，采样偏倚过大，会对采样带来实质性影响。

（2）精密度下限＝0.7×1.5＝1.05＞0.9，采样精密度没有达到期望精密度要求，需要重新设计采样程序。

（3）设计采样方案：

1）由于 V_{PT} 很难减小，反算初级子样方差，即

$$V_1 = \frac{m_0 \times n_0 P^2}{4} - \left(m_0 \times \frac{n_0}{j}\right) V_{PT} = \frac{60 \times 1.5^2}{4} - 6 \times 0.2 = 32.6$$

2）当采样单元数 m＝2 时，计算每个采样单元需要采取的子样数为

$$n = \frac{4V_1}{m \times P_L^2 - 4V_{PT}} = \frac{4 \times 32.6}{2 \times 0.9^2 - 4 \times 0.2} = 160$$

m＝3 时，n＝80。

3）决定分 3 个采样单元，每个采样单元为 20 节火车，每个单元采取 80 个子样，把每个车厢厢成 18 个小块，每个车厢按照系统采样方法采取 4 个子样。

4）标称最大粒度 50mm 筛选煤机械化采样，每个子样质量至少为 2.5kg，总样质量为 2.5×80＝200(kg)＞170kg，所以每个子样至少采取 2.5kg 符合要求。

33. 某卖方从北方港口发运一条船载重 50000t 标称最大粒度为 50mm 的筛选煤至某南方电厂码头，已知该批煤的 V_I＝15.0，港口用横过皮带机械化采样，已知皮带负荷为 2000t/h，采样方案为该批煤作为 1 个采样单元，每隔 10min 采取 1 个子样，V_{PT}＝0.20。电厂通过汽车把该批煤运送至煤场，汽车每车载重 50t，电厂用机械螺旋杆汽车采样机进行采样，每天 200 辆汽车到达电厂的 10000t 作为 1 个采样单元，每辆汽车采取 1 个子样，V_{PT}＝0.10，双方合同规定干燥基高位发热量 $Q_{gr,d}$ 不超过 0.40MJ/g，按照双方的采样方案能否达到要求？

解：港口采样精密度为

$$P_a = 2\sqrt{\frac{V_1}{n} + V_{PT}} = 2 \times \sqrt{\frac{15}{150} + 0.20} = 1.10\%$$

电厂采样精密度为

$$P_b = 2\sqrt{\left(\frac{V_1}{n} + V_{PT}\right)/m} = 2 \times \sqrt{\left(\frac{15}{200} + 0.10\right)/5} = 0.37\%$$

双方合成采样精密度为

$$p_h = \sqrt{p_a^2 + p_b^2} = \sqrt{1.10^2 + 0.37^2} = 1.16\%$$

$\Delta Q_{gr,d}$＝0.396P_h＝0.396×1.16＝0.46MJ/kg＞0.40MJ/kg，没有达到要求。

第二章

煤质制样基础知识

一、填空题

1. 按照 GB 474—2008《煤样的制备方法》规定：储存煤样的房间不应有 热源 ，不受 强光照射 ，无任何化学药品。

2. 空气干燥方法为将煤样放入盘中，摊成均匀的薄层，于温度不超过 50 ℃下干燥。如连续干燥 1 h 后，煤样的质量变化不超过 0.1 %，即达到空气干燥状态。

3. 缩分煤样时，除水分大、无法使用机械缩分者外，应尽可能使用 二分器 和 缩分机械 ，以减少缩分误差。

4. 按 GB/T 211—2017《煤中全水分的测定方法》，使用空气干燥法测定一般分析试验煤样（无烟煤）的水分时，在 105～110℃下加热时间为 1～1.5 h，而使用通氮干燥法在 105～110℃下加热时间为 2 h。

5. 破碎缩分机在初次使用时应对其 精密度 和 系统偏差 进行检验。

6. 在制样过程中，由于 外界杂质 混入煤样或者 损失一部分煤样 ，是产生制样偏差的原因之一。

7. 煤样在空气中连续干燥 1h 后，煤样的质量变化不超过 0.1% ，认为达到空气干燥状态。

8. 二分器具有 缩分 与 混合 的双重功能。

9. 按 GB 475—2008《商品煤样人工采取方法》，人工在煤流上的采样工具是采样斗和切割斗，可在皮带传输点的下落煤流中采样。采样时，煤流量应小于 400t/h ，应尽可能以恒定的小于 0.6m/s 的速度横向切割煤流。

10. 分析煤样装入瓶中，煤样量应不超过容积的 3/4 ，以便使用时方便 搅拌或混匀 。

11. 燃料备查样室门必须配备 双锁 ，由 当班班长 和班长各自保存，进备查室时必须同时到场开锁。

12. 制样中因煤样过湿需进行干燥时，其温度应控制在 小于 50 ℃，褐煤和有特殊要求的试验煤样温度控制在 小于 40 ℃。

13. 全水分煤样（无论总样还是分样）采取后，应立即 制样和化验 ，否则应立即装入密封的容器中，注明 煤样质量 ，并尽快制样、化验。

14. 制样室应为水泥地面，上铺厚度 6mm 以上的钢板，钢板面积一般要求不少于 $10m^2$ 。

15. 水分煤样可用 棋盘法 、条带法、 二分器法 和九点法采样。

16. 破碎的目的是增加 试样颗粒数 ，减小 缩分误差 。

17. 标准筛是用 铜制金属丝 纺织成的筛网。其规格是用 不同筛网号数 表示。

18. 凡包括 破碎 和 缩分 两程序的制样过程构成一制样阶段。

19. 一般将采样方法分为 系统采样 、 随机采样 和 分层随机采样 。

20. 煤样制备是按照规定把较大量的煤样加工成具有代表性的少量试样的过程。它包括 混合 、破碎、 缩分 ，有时还包括 筛分 和 空气干燥 。

21. 采样工具开口尺寸应当至少是煤样标称最大粒度的 3 倍，但不少于 30 mm。

22. 制样室设置尽可能靠近采样地点。制样室要求 宽大敞亮 ，应为水泥地面，还应铺上厚度 6mm 以上的钢板，不受风雨及外来灰尘的影响，要配备 除尘设备 。

23. 制样的破碎设备按机械或人工破碎可分为 机械破碎设备 和手工破碎工具两类，手工磨碎煤样的工具是钢板和 钢辊 。

24. 二分器的格槽数目应当 相等 ，各格槽的宽度应当 相同 ，格槽等斜面的坡度不小于 60° 。

25. 密封式粉碎机的压紧装置由 高低支架 、压板、 压紧螺钉 和蝶形螺母组成。

26. 制样方案的设计以获得 足够小 的制样方差和 不太大 的留样量为标准。

27. 密封式粉碎机主要是由 电动机偏心锤 、粉碎装置、 压紧装置 、机架、机壳及 时间控制装置 等主要部件组成。

28. 密封式粉碎机使用时为减少和杜绝料样混杂、污染，使用前应将 冲击块 、冲击环、 料钵 以及压盖擦拭干净。

29. 煤样制备中主要有 人工堆锥四分法 、二分器缩分法、 九点缩分法 、棋盘式缩分法和 机械缩分法 、 条带截取法 。

30. 触电即电击伤，是因 电流 通过 人体 而引起的损伤。

31. 分析试验煤样是指 破碎到粒度小于 0.2mm 并达到空气干燥状态，用于大多数物理和化学特性测定的煤样。

32. 存查煤样的作用： 实验室质量管理 、 对原始化验结果有疑问或丢失时再进行检验、发生品质纠纷或疑问时进行再检验。存查煤样的测定结果只能证明 原化验结果是否正确 ，不能证明原采样和制样是否正确。因此不能作为批煤品质纠纷的仲裁依据。

33. 煤样在制备之前、制备之后以及制备过程中的任何中间阶段都应储存在 不吸水 、 不透气 的 密封容器中 ，并 放在阴凉处 。

34. 空气干燥状态是指 煤样在空气中连续干燥 1h 后，煤样的质量变化不超过 0.1% 时，煤样达到空气干燥状态。

35. 人工缩分方法有 二分器 、 棋盘法 、 条带截取法 、 堆锥四分法 和 九点取样法 。

36. 制样精密度是指 制样 所允许达到的 偏差 。

37. 煤通常用筛分试验测定它的粒度组成，由筛分粒度特性曲线直观看出，凹形曲线表

示原煤中 细粒度级别多 ；凸形曲线表示 粗粒度多 ；如果曲线接近直线形，则表示原煤中 粗细粒度分布均匀 。

38. 联合制样设备，通常具有 破碎 和 缩分 的双重功能。

39. 测定全水分的煤样，可在 制取分析煤样的过程中 采集，也可单独采集。

40. 煤样破碎，是 减小试样 粒度的过程；煤样缩分，是 减小试样 数量的过程。

41. 取得煤炭质量检验结果要经过采样、制样和化验三个环节，它们对检验结果的影响分别占总误差的 80% 、 16% 、 4% 。

42. 对于定质量缩分，初级子样的最少切割次数为 4 ，且同一采样单元的各初级子样的切割数应相等。全部子样或缩分后子样合成煤样缩分的最小切割数为 60 。

43. 备查煤样抽检数目不得少于 样品总量的5% 。无争议存样保留期至少为2个月，有争议样品保留期为 供方无争议结账后 。

44. 将煤样缩分至粒度小于13mm时，保留样品的最小质量为 15 kg。

45. 煤样制备时周围环境温度要适宜，制样时间不宜过长，一般不超过 2 h。

46. 煤样制备时，如果水分过大，影响进一步破碎和缩分时，应事先在低于 50 ℃温度下适当地对煤样进行干燥。

47. 所谓缩分比，是指 缩分出的样品 占 原煤样 的质量分数。

48. 使用二分器缩分煤样，缩分前 可不混合 。

49. 当缩分需分几步或几次通过二分器时，各步或各次通过后，应交替地从 两侧接收器 中收取留样。

50. 全部子样或缩分后子样的合成试样缩分的最少切割数为 60 。

51. 如果试样质量太少，应该为人工缩分，粒度小于13mm的煤样应用 二分器 缩分。

52. 破碎的目的是 增加试样颗粒数 ，减少缩分误差。相同质量的试样，粒度越小，颗粒数越多，代表性也越好，缩分误差也越小。

53. 在粉碎成粒度小于0.2mm的煤样之前，应用磁铁将煤样中铁屑吸去，在粉碎到 全部 通过0.2mm的筛子，在煤样达到空气干燥状态后，装入煤样瓶中。装入煤样的量应不超过煤样瓶容积的 3/4 。

54. 制备全水分煤样时空气干燥的目的主要是测定外在水分和 在随后的制样过程中尽可能减少水分损失 。制备一般分析煤样时空气干燥的目的主要是使煤样顺利地通过破碎和缩分设备， 避免分析试验过程中煤样水分发生变化 。

55. 缩分中保留煤样的质量与物料本身的性质有关，并 随煤炭粒度的增加 、 要求测定精密度的提高 而增大。

56. 制样和化验误差几乎全产生于 缩分和从分析煤样中抽取出数克煤样 的过程中。影响制样精密度的最主要的因素是 缩分前煤样的均匀性和缩分后煤样留量 。

57. 制样是不应将大量大粒度试样 一次破碎 到试验试样所要求的粒度，而应采用 逐级破碎缩分 的方法来逐渐减小粒度和试样量。

58. 按GB 474—2008《煤样的制备方法》规定，在粉碎成0.2mm的煤样之前，应 用磁铁将煤样中铁屑吸去，再粉碎到全部通过孔径为 0.2mm 的筛子，并使之达到空气干燥状态，然后装入样瓶中（装入煤样的量应不超过煤样瓶容积的 3/4，以便使用时混合。

59. 试样制备的目的是通过破碎、缩分、混合和干燥等步骤将采集的煤样制备成能代表原来煤样特性的分析（试验）用煤样。

60. 二分器的格槽宽度应为煤样最大粒度的 3 倍，但不能少于 5mm，格槽对水平面的倾斜度至少为 60°。

61. 制样是不应将大量大粒度试样一次破碎到试验试样所要求的粒度，而应采用逐级破碎缩分的方法来逐渐减小粒度和试样量。

62. 二分器具有缩分和混合的双重功能。

63. 对粒度小于或等于 6mm 的煤样，缩分后应保留的最小总样量为 3.75 kg。对粒度小于或等于 1mm 的煤样，缩分后应保留的最小总样量为 0.1 kg。

64. 缩分的目的在于减小试样量，为减小人为误差，应尽量使用机械方法缩分。

65. 破碎的目的是增加试样颗粒数，减小缩分误差。

66. 二分器（大、中、小）一套，煤样粒度小于 13mm 可采用二分器缩分；如果在整个制样过程中一直采用二分器缩分，可省略混合制样步骤。

67. 全水分煤样缩分后总样最小质量约为一般和共用煤样的 20 %，但不能少于 0.65 kg。

68. 用于制备全水分、发热量等煤样的破碎机，为使要求生热和空气流动程度尽可能小，不宜使用圆盘磨和转速大于 950r/min 的锤碎机和高速球磨机。入厂或入炉煤机械采制样设备在投运前需经过偏倚试验和精密度检验。

69. 空气干燥是将煤样铺成均匀的薄层在环境温度下使之与大气湿度达到平衡。煤层厚度不能超过煤样标称最大粒度的 1.5 倍，煤样干燥后、称样前应将干燥煤样置于环境温度下冷却并使之与大气湿度达到平衡，冷却时间视干燥温度而定，如在 40℃下进行干燥，则一般冷却 3 h 即足够。

70. 缩分应使用机械方法，如用人工方法，则粒度小于 13 mm 时，最好使用二分器；如用棋盘法和条带法，则至少取 20 个子样。

71. 缩分机（包括破碎缩分机）检验内容应包括精密度核验、偏倚试验和用筛分方法检验破碎机的出料标称最大粒度。

72. 空气干燥状态是煤样在空气中连续干燥 1h 后，煤样的质量变化不超过 0.1% 时，煤样达到空气干燥状态。

73. 存查煤样在原始煤样制备的同时，用相同的程序于一定的制样阶段分取。如无特殊要求，一般可以标称最大粒度为 3mm 的煤样 700g 作为存查煤样。

74. 机械缩分时，对定质量缩分，初级子样的最少切割次数为 4，且同一采样单元的各初级子样的切割数应相等。

75. 条带截取法是将试样充分混合后，顺着一个方向随机铺放成一长带，带长至少为宽度的 10 倍。

76. 破碎机破碎煤样前必须清扫干净，以免试样污染。

77. 破碎的目的是增加试样颗粒数，减小缩分误差。

78. 缩分是制样的最关键的程序，目的在于减少试样量。

79. 二分器每侧格槽至少为8个。

80. 使用机械缩分，全部子样或缩分后子样的合成试样缩分的最少切割数为60次。

81. 碎煤机的出料粒度大小，主要由碎煤机的转数和筛板孔径大小所决定。

82. 九点法采集测定全水分的煤样，其中4个点位于煤样圆饼的1/2半径处，4个点位于7/8半径处，另一个点为中心点。

83. 试样制备包括混合、破碎、缩分，有时还包括空气干燥和筛分。

84. 使煤样达到分析或试验状态的过程叫制样。

85. 煤样制备的目的是通过筛分、破碎、混合、缩分、干燥等操作将采集到的煤制备成能代表被采样批煤的分析试验用煤样。

86. 破碎的目的是减小煤的粒度，增加煤的颗粒数，从而减小缩分误差。

87. 根据GB 474—2008《煤样的制备方法》，破碎至粒度小于13、6、3mm，缩分后最小总样的最小留样质量分别是15、3.75、0.7kg。

88. 二分器由两组相对交叉排列的格槽及接收器组成，其两侧格槽数应该相等，每侧至少8个。格槽开口尺寸至少为煤样标称最大粒度的3倍，但不小于5mm。格槽对水平面的倾斜度至少为60°。

89. 进行堆锥四分法操作时，应将煤样一小份、一小份地从煤样堆顶部撒下，使之从顶到底、从中心到外缘形成有规律的粒度分布，并至少倒堆3次。

90. GB 474—2008《煤样的制备方法》规定了煤样制备的术语和定义，试样的构成、破碎、混合、缩分和空气干燥，各种煤样的制备及存查煤样。

91. 试样制备包括破碎、混合、缩分，有时还包括筛分和空气干燥。

92. 制样是将试样分成有代表性、分离的部分的制样过程。

93. 定质量缩分是保留的试样质量一定、并与被缩分试样质量无关的缩分方法。

94. 定比缩分是以一定的缩分比，即保留的试样量和被缩分的试样量成一定比例的缩分方法。

95. 制样是使煤样达到分析或试验状态的过程。

96. 切割样是初级采样器或试样缩分器切取的子样。

97. 切割器就是切取子样的设备。

98. 试样破碎就是用破碎或研磨的方法减小试样粒度的制样过程。

99. 空气干燥就是使试样的水分与其破碎或缩分区域的大气达到接近平衡的过程。

100. 在下列情况下应对制样程序和设备进行精密度核验和偏倚试验：

(1) 首次采用或改变制样程序时。

(2) 新的缩分机和制样系统投入使用时。

(3) 对制样精密度产生怀疑时。

(4) 其他认为须检验制样精密度时。

101. 制样应在专门的制样室中进行，制样中应避免样品 污染 ，每次制样后应将制样设备 清扫干净 ，制样人员在制备煤样的过程中，应穿 专用鞋 。

102. 对不易清扫的 破碎机 和联合破碎缩分机，只用于处理单一品种的大量煤样时，处理每个煤样之前，可用被采样的煤通过机器予以“冲洗” ，弃去“冲洗”煤后再处理煤样。处理完之后，应反复 开、停机器 几次，以排净滞留煤样。

103. 制样和化验误差几乎全产生于 缩分 和从分析煤样中抽取出少量煤样的过程中。影响制样精密度的最主要的因素是缩分前煤样的 均匀性 和缩分后的 煤样留量 。GB 474—2008《煤样的制备方法》规定的制样程序可使以 灰分 或 水分 表示的制样和化验方差 V_{PT} 达到 0.2 以下，如用机械制样设备，制样和化验精密度可能会更好。

104. 缩分是制样的最关键的程序，目的在于 减少 试样量。试样缩分可以用 机械方法 ，也可用 人工方法 进行。为减小人为误差，应尽量使用 机械方法 缩分。

105. 当试样明显潮湿，不能顺利通过缩分器或沾黏缩分器表面时，应在缩分前进行 空气干燥 。

106. 当机械缩分使试样完整性破坏，如水分损失、粒度离析等时，或煤的粒度过大使得无法使用机械缩分时，应该用 人工方法 缩分。人工方法本身可能会造成 偏倚 ，特别是当缩分煤量较大时。

107. 机械缩分可对未经破碎的单个子样、多个子样或总样进行，也可对破碎到一定粒度的试样进行。缩分可采用 定质量 或定比缩分方式。

108. 缩分时，各次切割样质量应均匀，为此，供入缩分器的煤流应 均匀 ，切割器开口应固定，供料方式应使煤流的粒度离析减到 最小 。

109. 缩分设备切割器开口尺寸至少应为被切割煤标称最大粒度的 3 倍 。

110. 缩分设备有足够的容量，能完全保留试样或使其完全通过，试样无 损失 或溢出。

111. 缩分设备不产生 实质性偏倚 ，例如不会选择性地收集（或弃去）颗粒煤或失去水分。必要时应为全封闭式，以防 水分损失 。

112. 缩分机械应通过精密度检验和偏倚试验方可使用，由缩分机械得到的煤样的进一步缩分，应使用 二分器 。

113. 在下列情况下，应按 GB/T 19494.3—2004《煤炭机械化采样 第 3 部分：精密度测定和偏倚试验》所述方法对缩分机械进行精密度检验和偏倚试验： 新设计生产时 、 新设备使用前 、 关键部件更换后 、 怀疑精密度不够或有偏倚时 。

114. 如试样质量太少，则应改用人工方法缩分。粒度小于 13mm 的试样应用 二分器 缩分。

115. 二分器是一种简单而有效的缩分器，它由两组相对交叉排列的格槽及 接收器 组成。两侧格槽数相等，每侧至少 8 个。格槽开口尺寸至少为试样标称最大粒度的 3 倍，但不能小于 5mm。格槽对水平面的倾斜度至少为 60°。为防止粉煤和水分损失，接收器与二分器主体应配合严密，最好是 封闭式 。

116. 使用二分器缩分煤样，缩分前可不 混合 。缩分时，应使试样呈柱状沿二分器长度来回摆动供入格槽。供料要均匀并控制<u>供料速度</u>，勿使试样集中于某一端，勿发生格槽阻塞。

117. 当缩分需分几步或几次通过二分器时，各步或各次通过后，应<u>交替</u>地从两侧接收器中收取留样。

118. 九点取样法仅用于抽取<u>全水分</u>试样。用堆锥法将试样<u>掺合</u>一次后摊开成厚度不大于标称最大粒度<u>3倍</u>的圆饼状，然后用与棋盘缩分法类似的取样铲和操作从9点中取9个子样，合成一全水分试样。

119. 破碎的目的是增加试样<u>颗粒数</u>，减小<u>缩分误差</u>。同样质量的试样，粒度越小，颗粒数越多，缩分误差越小。但破碎耗时间、耗体力、耗能量，而且会产生试样、特别是水分损失。因此，制样时不应将大量大粒度试样一次破碎到试验试样所要求的粒度，而应采用多阶级破碎缩分的方法来逐渐减小粒度和试样量，但缩分阶段也不宜多。

120. 混合的目的是使煤样尽可能<u>均匀</u>。从理论上讲，缩分前进行充分混合会减小制样误差，但实际并非完全如此。如在使用机械缩分器时，缩分前的混合对保证缩分精密度没有多大必要，而且混合还会导致<u>水分损失</u>。

121. 空气干燥是将煤样铺成均匀的薄层，在环境温度下使之与大气湿度达到平衡。煤层厚度不能超过煤样标称最大粒度的<u>1.5倍</u>或表面负荷为<u>$1g/cm^2$</u>（哪个厚用哪个）。

122. 煤样干燥可用温度不超过<u>50℃</u>、带空气循环装置的干燥室或干燥箱进行，但干燥后、称样前应将干燥煤样置于环境温度下冷却并使之与大气湿度达到平衡。冷却时间视干燥温度而定，如在40℃下进行干燥，则一般冷却<u>3h</u>即足够。

123. 空气干燥的目的，一是为了<u>使煤样顺利通过破碎和缩分设备</u>，二是为了<u>避免分析试验过程中煤样水分发生变化</u>。

二、单选题

1. 分析煤样制成后应<u>B</u>。

A. 在烘箱里105～110℃温度下烘1～1.5h后再装瓶；

B. 与大气湿度到达平衡后再装瓶；

C. 立刻装瓶；

D. 在烘箱里45～50℃温度下烘2h后再装瓶。

2. 制备日常商品煤样用的筛子，<u>B</u>mm筛孔的筛子既有圆孔筛，又有方孔筛。

A. 1；　　B. 3；　　C. 6；　　D. 2。

3. <u>C</u>是产生制样误差的最重要的环节。

A. 破碎；　　B. 混合；　　C. 缩分；　　D. 筛分。

4. 二分器缩分煤样，其精密度与堆锥四分法相比<u>A</u>。

A. 偏高；　　B. 一样；　　C. 偏低；　　D. 无法比较。

5. 煤样制备到粒度小于1mm时，其最少留样量不得低于<u>D</u>kg。

A. 1；　　B. 0.3；　　C. 0.2；　　D. 0.1。

6. 粒度小于 3mm 的煤样，缩分规定质量后，如使之全部通过 3mm 圆孔筛，则可用二分器直接缩分出不少于___C___分别用于制备分析用煤样和作为存查煤样。

A. 100g 和不少于 100g；　　B. 100g 和不少于 200g；

C. 100g 和不少于 700g；　　D. 200g 和不少于 500g。

7. 在核验缩分机的精密度和系统偏差时，在留样和弃样制备过程中必须使用___C___缩分。

A. 堆锥法；　　B. 机械缩分法；　　C. 二分器法；　　D. 棋盘法。

8. 一台缩分机的缩分比为 1∶6，由___B___台这种缩分机串联，可使缩分比达到 1∶216。

A. 2；　　B. 3；　　C. 4；　　D. 5。

9. 当缩分 1mm 粒度煤样时，所选二分器的格槽宽度至少应为___D___mm。

A. 2；　　B. 3；　　C. 4；　　D. 5。

10. 煤样制备全过程精密度检验的目的是检验实测值和 0.05P^2（P 指采样精密度）之间的差值是否有___C___。

A. 相关性；　　B. 变异性；　　C. 显著性；　　D. 系统性。

11. 制备哈氏可磨性指数试验样品时应使用___B___式破碎机并采用逐级破碎的方法。

A. 颚；　　B. 对辊；　　C. 锤；　　D. 球磨。

12. 煤样制备过程中破碎（包括研磨）的目的是___C___。

A. 便于装瓶送交化验室；

B. 便于筛分；

C. 增加不均匀物料的分散性；

D. “冲洗”机械，避免不同煤样之间的污染。

13. 适用于煤量较多，粒度较大的人工缩分煤样的方法是___C___。

A. 九点法；　　B. 二分器法；　　C. 堆锥四分法。

14. 一般分析煤样，装入样品瓶时，煤样的量应不超过样品瓶容积的___C___。

A. 1/2；　　B. 2/3；　　C. 3/4。

15. 采制化三个环节中，对结果误差所占比例大小顺序为___B___。

A. 采样＜制样＞化验；　　B. 采样＞制样＞化验；

C. 采样＜制样＞化验。

16. 人工制备空气干燥煤样时，在破碎到粒度不大于___C___mm 之前，应用磁铁将煤样中铁屑收去。

A. 3mm；　　B. 1mm；　　C. 0.2mm。

17. 在校验缩分机的精密度和系统偏差时，在留样和弃样制备过程中必须使用___C___缩分。

A. 堆锥法；　　B. 机械缩分法；　　C. 二分器法。

18. 密封式破碎机的粉碎装置由___A___组成。

A. 冲击环；　　B. 偏心锤；　　C. 震动弹簧。

19. 120kg 煤样，经过___B___次缩分可以留下 15kg 煤样。

A. 2；　　B. 3；　　C. 4。

20. 缩分设备的切割器开口尺寸至少应为被切割煤标称最大粒度的__B__倍。

A. 2；　　B. 3；　　C. 4。

21. 棋盘缩分法将长方块分成__B__个以上的小块。

A. 10；　　B. 20；　　C. 30。

22. 使用二分器缩分试样时，应使试样呈__B__状沿二分器长度来回摆动供入格槽。

A. 带；　　B. 柱；　　C. 条。

23. 全水分煤样制备完毕后，全水分煤样应储存在不吸水、不透气的密封容器中，装样时不得超过容器容积的__C__。

A. 1/2；　　B. 2/3；　　C. 3/4；　　D. 4/5。

24. 一般和共用煤样缩分后标称最大粒度为 6mm 时总样最小质量为__B__kg，标称最大粒度为 3mm 时总样最小质量为__B__kg。

A. 3、1.25；　　B. 3.75、0.7；　　C. 1.25、0.7；　　D. 1.5、0.5。

25. 二分器是一种简单而有效的缩分器，它由两组相对交叉排列的格槽及接收器组成，格槽开口尺寸至少为试样标称最大粒度的__C__倍，但不能小于__C__mm。

A. 2、3；　　B. 2、4；　　C. 3、5；　　D. 4、5。

26. 取全水分试样时首先用堆锥法将试样掺合后摊开成厚度不大于标称最大粒度__B__倍的圆饼状，再按要求取 9 个子样，合成一全水分试样。

A. 2；　　B. 3；　　C. 4；　　D. 5。

27. 缩分应使用机械方法，如用人工方法，则粒度小于 13mm 时，最好使用__A__。

A. 二分器；　　B. 棋盘缩分法；　　C. 条带缩分法；　　D. 堆锥法。

28. 制样过程中，从粒度小于 6mm 到粒度小于 1mm，这一过程中样品的缩分比为__B__。

A. 1∶7.5；　　B. 1∶37.5；　　C. 1∶75；　　D. 1∶150。

29. 下面哪种缩分方法只适用于全水分煤样的制备：__A__。

A. 九点缩分法；　　B. 堆锥四分法；　　C. 棋盘法；　　D. 二分器。

30. 二分器格槽的开口尺寸至少为试样标称最大粒度的__B__倍。

A. 2；　　B. 3；　　C. 4。

31. 制样室的堆掺缩分区应在水泥地面上铺以厚度为__A__mm 以上的钢板。

A. 6；　　B. 10；　　C. 12。

32. 缩分设备的切割器开口尺寸至少应为被切割煤标称最大粒度的__B__倍。

A. 2；　　B. 3；　　C. 4。

33. 棋盘缩分法将长方块分成__B__个以上的小块。

A. 10；　　B. 20；　　C. 30。

34. 按 GB 474—2008《煤样的制备方法》要求，设计最佳制样方案的最终目的是__D__。

A. 减少留样量、减轻劳动量；　　B. 减小煤样粒度；

C. 减少筛分煤样量；　　D. 获得足够小的制样方差和不过大的留样量。

35. 二分器的格槽宽度为煤样最大粒度的__C__。

A. 1～1.5倍；　　B. 2.5～3倍；

C. 3倍，但不小于5mm；　　D. 2～3.5倍。

36. GB 474—2008《煤样的制备方法》规定，在缩分过程中，每一阶段的留样量取决于__B__。

A. 煤样量；　　B. 煤样粒度；

C. 视具体情况而定；　　D. 制样人员多少。

37. 对于一般和共用煤样，GB 474—2008《煤样的制备方法》规定，25mm粒度煤样缩分后，总样最小质量为__D__。

A. 3.75kg；　　B. 7.5kg；　　C. 15kg；　　D. 40kg。

38. 制样用的方孔筛筛孔面积是同孔径的圆孔筛筛孔面积的__C__倍。

A. 1.07；　　B. 1.17；　　C. 1.27；　　D. 1.37。

39. 联合制样机的主要功能是__C__。

A. 破碎＋筛分；　　B. 掺合＋缩分；　　C. 破碎＋缩分；　　D. 筛分＋缩分。

40. 如果煤的制样和化验方差为$0.05P^2$（P为采样精密度），某一批次煤采样精密度为±2.0%时，最小子样数目为60个，那么如采样精密度为±1.6%时，所需采取的最小子样数目为__C__。

A. 60个；　　B. 90个；　　C. 94个。

41. 制样过程中，如煤样太湿影响破碎缩分时，应事先在__C__温度下适当干燥。

A. 105～110℃；　　B. 70～80℃；　　C. 50℃以下。

42. 进行人工堆掺混合大量煤样时，应按__B__方法进行简化。

A. 称量均等的几分再分别堆掺缩分；

B. 不需分成均等，但堆掺缩分次数要相同；

C. 将煤样摊成一扁平体后，依据GB 475—2008原则采样来减少煤样量；

D. 因为量大堆掺一次即可缩分，既保证缩分精度又减少工作量。

43. 为了清洗不易开启的破碎机，可用方法__C__进行清洗。

A. 从取来的煤样中取出一小部分放入破碎机，碎后将其弃去；

B. 从取来的煤样中取出一小部分放入破碎机，碎后将其放入总样中；

C. 从被采样批煤中，单独取一小部分放入破碎机中，碎后将其弃去；

D. 从被采样批煤中，单独取一小部分放入破碎机中，碎后将其放入总样中。

44. 按照GB 474《煤样的制备方法》规定，洗精煤的制样、化验总方差为__B__。

A. 1.2；　　B. 0.05；　　C. 0.37；　　D. 4.9。

45. 按GB 474—2008《煤样的制备方法》规定__D__的煤样未经过破碎，不允许缩分。

A. 采集来的原始总样；　　B. 未取出全水分煤样之前；

C. 最大粒度大于60mm；　　D. 最大粒度大于25mm。

46. 人工堆锥四分法，混合缩分最关键的操作是__A__。

A. 每一缩分阶段的煤样一定要全部破碎到规定粒度；

B. 堆锥时，应使每铲煤样分数次从锥顶呈柱状落下；

C. 堆锥后要摊成厚度均匀的圆饼，用十字板分成均匀的四等分；

D. 堆锥时，要两个人在相对的方向交替操作。

47. 依据 GB 474—2008《煤样的制备方法》规定，用二分器缩分煤样时，操作符合标准规定的是 C 。

A. 先将煤样反复人工堆掺混合均匀，然后用铲分次倒入二分器中；

B. 先将煤样混合均匀 3 遍，入料时，应使煤呈柱状流沿整个二分器开口幅度摆动；

C. 像 B 那样操作，但不必混合；

D. 不必混合，但应使用开口尺寸与二分器开口幅度相近（略小）的铲，使煤流宽度与二分器的开口幅度一致。

48. GB 474—2008《煤样的制备方法》规定，在缩分过程中，每一阶段的最少留样量取决于 B 。

A. 煤样量的多少；　　B. 煤样粒度的大小；

C. 具体制样目的、要求；　　D. 制样设备能力和制样人员多少。

49. 依据 GB 474—2008《煤样的制备方法》规定，在缩分方式中，九点法缩分适用于 D 。

A. 所有粒度的实验室煤样；

B. 6mm 全水分煤样和一般分析煤样；

C. 13mm 全水分煤样和一般分析煤样（<0.2mm）；

D. 全水分煤样。

50. 依据 GB 474—2008《煤样的制备方法》规定，在进行缩分机检定时，对缩分机的弃样进一步缩分时，应 A 。

A. 无论弃样量多少，均采用二分器缩分；

B. 没有限制，但越快越好，避免水分损失；

C. 起初煤样量大时，可用人工堆掺，最后制备分析煤样时必须用二分器；

D. 在缩分比不变的条件下，可再用该机器缩分。

51. 依据 GB 474—2008《煤样的制备方法》规定，九点法取全水分样品，根据 A 确定煤饼的厚度。

A. 煤样粒度的 3 倍；　　B. 没有限制，但越薄越好；

C. 煤样量的多少，厚度适中；　　D. 通常 20～40mm。

52. 以下叙述中错误的是 C 。

A. 全部缩分后子样合成试样缩分的最少切割数为 60；

B. 对定比缩分，一平均质量初级子样的最少切割数为 4；

C. 缩分后的初级子样进一步缩分时，子样的最少切割数为 10；

D. 缩分后的初级子样进一步缩分时，每一切割样至少应再切割 1 次，若子样的切割样合并后缩分，则最少切割数为 4。

53. 进行空气干燥时，煤层厚度应为 C 。

A. 为煤样标称最大粒度的 1.5 倍；

B. 为表面负荷 1g/cm^2；

C. 不能超过煤样标称最大粒度的 1.5 倍或表面负荷 1g/cm^2，哪个厚选用哪个；

D. 不能超过煤样标称最大粒度的 1.5 倍或表面负荷 1g/cm^2，哪个薄选用哪个。

54. 使用二分器时，如果二分器每侧有 8 个格槽，摆动 8 次则煤样被分成__D__个子样。

A. 10； B. 64； C. 80； D. 128。

55. 按照 GB/T 19494.2—2004《煤炭机械化采样　第 2 部分：煤样的制备》规定对于定质量缩分，初级子样的最少切割次数为__A__，且同一采样单元的各初级子样的切割数应相等。全部子样或缩分后子样合成试样缩分的最小切割数为__A__。

A. 4、60； B. 1、4； C. 4、1； D. 4、10。

56. 当试样水分较低而且使用没有实质性偏倚的破碎缩分机械时，可一次破碎到__A__mm，然后用二分器缩分到 1.25kg。

A. 13； B. 6； C. 3； D. 1。

三、多选题

1. 用机械采样器在静止煤中采样时，子样的布置可按__CD__。

A. 三点斜线法； B. 五点斜线循环法；

C. 系统采样法； D. 随机采样法。

2. 九点法取全水分煤样时的注意问题，下列叙述正确的是__ACD__。

A. 取样前先将煤样分成两部分，一部分取全水分煤样，另一部分制备一般分析试验煤样，不能用取完全水分的余样制备分析试验煤样；

B. 用堆锥法将试样掺合三次后摊开成厚度不大于标称最大粒度 3 倍的圆饼；

C. 九点定位是以底圆半径为准；

D. 取样时要用符合要求的取样铲和插板取样；

E. 每个点取的质量要接近相等并一次取够，如果不够应当在个别点补取相同质量的煤样，而且取全水分的动作要迅速，防止水分损失。

3. 影响制样精密度的最主要的因素是__AB__。

A. 缩分前煤样的均匀性； B. 缩分后的煤样留量；

C. 煤样重量； D. 煤样粒度。

4. 对于机械缩分以下叙述中正确的是__ABD__。

A. 全部子样或缩分后子样的合成试样缩分的最少切割数为 60；

B. 对定比缩分，一平均质量初级子样的最少切割数为 4；

C. 缩分后的初级子样进一步缩分时，每一切割样至少应再切割 10 次；

D. 缩分后的初级子样进一步缩分时，子样的最少切割数为 1 次。

5. GB 474—2008《煤样的制备方法》规定在下列情况下__ABCD__应对制样程序和设备进行精密度核验和偏倚试验。

A. 首次采用或改变制样程序时；　　B. 新缩分机和制样系统投入使用时；
C. 对制样精密度产生怀疑时；　　D. 其他认为须检验制样精密度时。

6. 对煤样进行空气干燥时，对易氧化煤及用于下列分析试验用煤样，不能在高于 40℃温度下干燥的有 ABD 。

A. 发热量；　B. 黏结性；　C. 灰分；　D. 外在水分。

7. 煤长期储存时会发生如下变化 ABCD 。

A. 发热量降低；　　B. 挥发分变化和灰分产率增加；
C. 元素组成发生变化；　　D. 抗破损强度降低。

8. 制样人员工作时必须有两人以上方可进行，制样区域和备查样存放区域必须有监控设备；制样人员收到煤样时，应做好以下工作： ABC 。

A. 检查煤样密封情况及采样子样数和子样量；
B. 核对煤样编码，称重登记，与送样人核对无误后签字；
C. 制样人员对煤样进行二级编码后及时制样，编码应有较强保密性；
D. 检查样品煤质情况。

9. 下列 ACD 情况时应对制样程序和设备进行精密度核验和偏倚试验。

A. 首次采用或改变制样程序时；
B. 采用新煤种时；
C. 新的缩分机和制样系统投入使用时；
D. 对制样精密度产生怀疑时。

10. 关于机械缩分的方法下列选项正确的有 ABD 。

A. 机械缩分可对未经破碎的单个子样、多个子样或总样进行，也可对破碎到一定粒度的试样进行；
B. 缩分时，第一次切割应在第一切割间隔内随机进行。对第二和第三缩分器，后一切割器的切割周期不应和前一切割器切割周期重合；
C. 对于定比缩分，切割间隔应随被缩分煤的质量变化而变化；
D. 对于定质量缩分，缩分出的试样质量一定。

11. 适用于制备全水分煤样的人工缩分方法是 ABCE 。

A. 二分器法；　B. 棋盘法；　C. 条带截取法；
D. 堆锥四分法；　E. 九点取样法。

12. 下列对二分器的要求和使用说法正确的是 ACE 。

A. 二分器是人工缩分方法中精密度最高的缩分方法；
B. 二分器格槽开口尺寸至少为被缩分试样标称最大粒度的 3 倍，格槽对水平面的倾斜度至少为 50°；
C. 使用二分器缩分时，应使试样呈柱状沿二分器长度来回摆动供入格槽；
D. 使用二分器缩分时，要均匀快速地供入煤样；
E. 当缩分需分几步或几次通过二分器时，各步或各次通过后，应交替从两侧接收器中收取留样。

13. 系列＿ABCD＿选项符合机采装置制样系统的设计和加工要求。

A. 制样无实质性偏倚且精密度符合要求；

B. 能在规定条件下保持工作能力；

C. 操作安全并且安全性符合现场安全规程的要求；

D. 足够牢靠，能承受预期到的最坏工作条件；

E. 避免试样污染和保证试样水分损失。

14. 对机械缩分的切割次数规定正确的是＿ABCD＿。

A. 全部子样或缩分后子样的合成试样，缩分的最少切割数为 60；

B. 对定质量缩分，初级子样的最少切割次数为 4，且同一采样单元的各初级子样的切割数应相等；

C. 对定比缩分，一个平均质量的初级子样最少切割次数为 4；

D. 缩分后的初级子样进一步连续缩分时，每一切割样至少应再切割一次；

E. 缩分后的初级子样再缩分时或破碎后再缩分时，每一切割样至少应再切割 4 次。

15. 机械缩分设备应满足＿BCDE＿要求。

A. 切割器开口尺寸至少应为原始煤样标称最大粒度的 3 倍；

B. 应有足够的容量，能完全保留试样或使其完全通过，试样无损失或溢出；

C. 缩分过程中不产生实质性偏倚；

D. 供料应均匀，使粒度离析达到最小；

E. 应通过精密度检验和偏倚试验。

16. 九点法取全水分时应注意的问题是＿BCE＿。

A. 用堆锥法将试样掺合一次后摊开呈厚度不小于煤样标称粒度 3 倍的圆饼；

B. 取样时要用符合要求的取样铲和插板取样；

C. 九点定位是以底圆半径为准；

D. 每个点取得的质量要接近相等并只能一次取够，如果不够要重新堆锥采取；

E. 取全水分的操作要迅速，防止水分损失。

17. 煤样缩分一般应使用二分器，当＿AB＿时，可用堆锥四分法进行缩分。

A. 煤样粒度过大；　B. 煤样过湿；　C. 粒度过小；　D. 总样量过大。

18. 在下列情况对制样程序和设备进行精密度核验和偏倚试验：＿ABCD＿。

A. 首次采用或改变制样程序时；

B. 新的缩分机和制样系统投入使用时；

C. 对制样精密度产生怀疑时；

D. 其他认为须检验制样精密度时。

19. 机械缩分时一个子样的切割数根据＿ABCD＿决定。

A. 对定质量缩分，初级子样的最少切割次数为 4，且同一采样单元的各初级子样的切割数应相等；

B. 对定比缩分，一个平均质量初级子样的最少切割次数为 4；

C. 缩分后的初级子样进一步缩分时，每一切割样至少应再切割 1 次；

D. 能采用机械缩分时，就不使用二分器。

20. 出现<u>ABCD</u>情况时，应对制样程序和设备进行精密度核验和偏倚试验。

A. 新的缩分机和制样系统投入使用时；

B. 对制样精密度产生怀疑时；

C. 煤种变化时；

D. 首次采用或改变制样程序时。

21. 按照 GB 474—2008《煤样的制备方法》规定，在出现<u>ABCD</u>情况后，应对缩分机械进行精密度检验和偏倚试验。

A. 新设计生产时；

B. 新设备使用前；

C. 更换关键部件后；

D. 怀疑精密度不够或有偏倚时。

22. 以下属于煤样制备过程中常用的缩分方法的是<u>ABCD</u>。

A. 堆掺四分法；　B. 二分器法；　C. 机械缩分法；　D. 九点法。

23. GB/T 18666—2014《商品煤质量抽查和验收方法》的依据是<u>ABC</u>。

A. 中华人民共和国产品质量法；　B. 商品煤采样精密度；

C. 当前商品煤结算方式；　D. 中华人民共和国计量法。

24. 在煤样制备破碎阶段，为防止煤样的热值和黏结特性改变，不能使用以下哪些设备：<u>ABC</u>。

A. 盘式破碎机；

B. 频率大于 30Hz 的球磨机；

C. 速度大于 950r/min 的锤式破碎机；

D. 速度大于 900r/min 的锤式破碎机。

25. 下列关于子样合并说法正确的是<u>ACD</u>。

A. 在移动煤流上使用机械采制样装置采用质量基采样时，如果初级子样质量接近均匀，可直接将初级子样合并；

B. 在移动煤流上使用机械采制样装置采用质量基采样时，如果初级子样质量不均匀，则将初级子样按定比缩分法缩分后合并；

C. 在移动煤流上使用机械采制样装置采用质量基采样时，如果初级子样质量不均匀，则将初级子样按定质量缩分法缩分后合并；

D. 在移动煤流上使用机械采制样装置采用质量基采样时，如果初级子样质量接近均匀，初级子样破碎后可用定比或定质量缩分法缩分后合并。

四、判断题

1. 制备一般分析试验煤样时，破碎到粒度小于 0.2mm 之前的所有干燥过程不要求与

大气达到湿度平衡。(√)

2. 煤中的全水分是指煤中全部的水分，包括内在水分、外在水分和结晶水。(×)

3. 制样应在专门的制样室中进行，制样中应避免样品污染，每次制样前应将制样设备、工具等清扫干净。对于不易清扫的密封式破碎机如锤式破碎机，只用于处理单一品种的大量煤样时，处理每个煤样之前可用采取的煤样“冲洗”机器内部，弃除“冲洗”煤后，再处理煤样。(×)

4. 空气干燥可以在制样过程的任一阶段进行，空气干燥时必须使煤样与空气湿度达到平衡状态。(×)

5. 制样时用堆锥四分法的缩分精密度比用二分器更高。(×)

6. 机械缩分可以减少人为误差。(√)

7. 制样过程中干燥温度为50℃，但为缩短时间可调高一点。(×)

8. 使用二分器缩分煤样时其精密度大大低于堆锥四分法。(×)

9. 空气干燥可在任一制样阶段进行。(√)

10. 粒度小于3mm的煤样缩分至3.75kg后，可用二分器直接缩分出不少于100g和不少于700g分别用于制备分析用煤样和作为存查煤样。(×)

11. 机械缩分时对于定质量缩分，切割间隔应随被缩分煤的质量成正比变化，以使缩分出的试样质量一定。(√)

12. 缩分机械应通过精密度和偏倚试验方可使用，由缩分机械得到的煤样进一步缩分，应使用二分器缩分。(√)

13. 人工缩分，使用二分器缩分煤样，缩分前可不混合。(√)

14. 制备一般分析试验煤样，空气干燥可在任一制样阶段进行，最后制样阶段前的干燥不要求达到湿度平衡状态。(√)

15. 圆孔筛的冲孔应当为正三角形排列。(√)

16. 煤样是指为确定某些特性而从煤中采取的具有代表性的一部分煤。(√)

17. 煤样经过逐步破碎和缩分，混合用的铁锹应相应地适当改小或相应地减少每次铲起的煤样数量。(√)

18. 日常制取的0.2mm煤样是空气干燥煤样，其化验灰分直接结果应是空气干燥基灰分，符号是Aar。(×)

19. 对于不易清扫的密封式破碎机如锤式破碎机，只用于处理单一品种的大量煤样时，处理每个煤样之前可用采取该煤样的煤“冲洗”机器内部，弃除“冲洗”煤后，再处理煤样。(√)

20. 煤样制备方差的最重要组成部分是缩分方差，影响缩分方差的最重要因素是缩分前煤样混合程度和缩分后的留样量。(√)

21. 入炉煤采样必须以入炉煤机械采样为准，可用煤粉样代替。(×)

22. 入厂煤采样、制样、化验等环节的煤样应采用自动编码器或实行多级编码。编码级数的确定应在控制风险前提下，兼顾效率，一般不少于三级。(√)

23. 专家组现场查评工作结束后，应向火电企业通报查评结果、提出整改建议，并于10个工作日内完成正式查评报告。(√)

24. 烟煤中变质程度最高的是贫煤，变质程度最低的是长焰煤。(√)

25. 质量指标允许差是指被检验单位对一批煤的某一质量指标的报告值和检验单位对同一批煤的同一质量指标的检验值的差值在规定概率下的极限值。(√)

26. 有入厂煤机械采样装置的企业，其采样投运率不低于90%。(×)

27. 制样时将煤样多次（3次以上）通过二分器，可使煤样混合均匀。(√)

28. 煤样制备过程一般包括破碎、过筛、掺和、缩分和干燥5个步骤。(√)

29. 入厂煤取样应事先与运输调度或燃料值班人员联系好，允许后才可上车采样。(√)

30. 制样时，当煤的粒度小于25mm时，其保留煤样量最少为30kg。(×)

31. 煤的最大粒度大于100mm时，每个子样最小质量为4kg。(×)

32. 制样时用堆锥四分法的缩分精度比用二分器更高。(×)

33. 使用二分器缩分煤样，也能得到原样3/4的留样。(√)

34. 缩分前应将煤样充分混匀。(×)

35. 用空气干燥法测定水分时，由于煤样在热态下干燥，各种煤都不同程度地受到氧化，测定结果会偏高。(×)

36. 在将煤样破碎成0.2mm煤样之前，必须使之达到空气干燥状态。(×)

37. 使用九点法取全水分样品时，所谓1/2r和7/8r，其中r指的是从圆心到圆饼上沿的距离。(×)

38. 落流缩分机切割器以均匀的速度通过煤流，任一点的速度变化不能超过预置速度的2.5%。(×)

39. 标称最大粒度不是煤的粒度，而是指筛上物累计百分含量最接近但不大于5%的筛孔所对应的尺寸。(√)

40. 3个采样单元的煤样合成一个样的过程为定质量缩分。(√)

41. GB 474—2008《煤样的制备方法》规定，粒度大于25mm的煤样未经破碎不允许缩分。(×)

42. GB代表的是强制性标准，要求全文强制执行，如GB 475—2008《煤样的制备方法》。(×)

43. 增加采样的子样数目，可以提高采样精密度，但不能减少采样系统误差。(√)

44. 所有煤样干燥可在不高于50℃的干燥箱中进行。(×)

45. 棋盘缩分法是将煤样充分混合后，铺成一个或多个厚度均匀的长方块，并将各长方块分成18个小块，然后从各小块中分别取样。(×)

46. 缩分煤样时，除水分大无法使用机械缩分者外，应尽可能使用二分器和缩分机械以减少缩分误差。(×)

47. 制样时煤样水分过大可在温度低于105℃的鼓风干燥箱内适当干燥再破碎和缩分。(×)

48. 煤的最大标称粒度就是指在筛分试验中与筛上物累计质量分数最接近5%但不大于

5%的筛子相应的筛孔尺寸。它并不是指煤中最大块的尺寸。(√)

49. 影响制样精密度最主要的因素是缩分前煤样的均匀性和缩分后的留样量，与缩分后煤样的均匀性无关。(√)

50. 在一定情况下，总缩分精密度都取决于每一试样缩分阶段的缩分方差的总和。(×)

51. 在煤样制备过程中，当煤样破碎到3mm以下时，若全部通过3mm方孔筛，则可用二分器缩分出不少于700g的煤样；若全部通过3mm圆孔筛，则可用二分器缩分出不少于100g的煤样，用于制备一般分析用煤样。(√)

52. 煤样缩分所使用的堆锥四分法和抽取全水分煤样所使用的九点法在堆锥后所摊成的圆饼体的厚度都要求不大于煤样标称最大粒度的2.5～3倍。(×)

53. 棋盘缩分法是将煤样充分混合后，铺成一个或多个厚度均匀的长方块，并将各长方块分成18个小块，然后从各小块中分别取样。(×)

54. 缩分煤样时，除水分大无法使用机械缩分者外，应尽可能使用二分器和缩分机械以减少缩分误差。(√)

55. 影响制样精密度最主要的因素是缩分前煤样的均匀性和缩分后的留样量，与缩分后煤样的均匀性无关。(√)

56. 煤样的空气干燥状态就是指煤样在空气中连续干燥1h后，煤样的质量变化不超过1.0%。(×)

57. 制样的目的是通过破碎、缩分和干燥等步骤将采集的煤样制备成能试验煤样。(×)

58. 在一定情况下，总缩分精密度都取决于每一试样缩分阶段的缩分方差的总和。(×)

59. 当规定采样精密度为2%时，制样和化验方差应控制在0.2以内。(√)

60. 无论何种情况，总缩分精密度都取决于每一试样缩分阶段的缩分方差的总和。(√)

61. 用于制备全水分、发热量和黏结性等煤样的破碎机，要求生热和空气流动程度尽可能小。(√)

62. 采样机、破碎机等电器设备通电后发现冒火花、冒烟或有烧焦味等异常情况时，应立即停机并切断电源，可使用干式灭火器、二氧化碳灭火器或泡沫灭火器灭火。(×)

63. 煤的粒度大小会影响煤的不均匀性。(√)

64. 在煤质检验中，制样对测定结果的影响要次于采样的影响，但高于化验的影响。(√)

65. 在制样时，如果将煤样粒度破碎到小于6mm，应保留的样品至少为3.75kg。(√)

66. 测定全水分的煤样粒度为小于13mm或小于6mm时，筛分试样的筛子应为方孔筛。(√)

67. 在任何情况下，均可使用二分器来缩分煤样。(×)

68. 因为采样器与缩分器具有相似的功能，所以缩分器有时也可用采样器代替。(√)

69. 用堆锥法将试样掺和一次后摊开成厚度不大于标称最大粒度4倍的圆饼状，然后用9点法取出9个子样，合并成一全水分煤样。(×)

70. 对粒度大于13mm的煤样，可用堆锥四分法缩分，对粒度小于13mm的样品，应

尽量采用二分器或其他机械缩分器缩分。(√)

71. 入厂煤采样、制样、化验等环节的煤样应采用自动编码器或实行多级编码。(√)

72. 破碎的目的是减小试样粒度，增加试样颗粒数，以减小缩分误差。(√)

73. 煤的变质程度越深，煤中挥发分含量越高。(×)

74. 缩分用的槽形二分器，其槽间宽度为每样最大粒度的 2～3 倍，但不小于 5mm。(×)

75. 按照 GB 474—2008《煤样的制备方法》规定，在使用二分器缩分煤样时，稍加混合后再缩分。(×)

76. 任一缩分后子样进一步缩分时，每一个切割样至少再切割 1 次。(√)

77. 对机械缩分器的连续缩分系统，后一缩分器的切割周期应与相邻的前一缩分器的切割周期同相，以保证前一缩分器的每一切割样都能被后一切割器再切割一次以上。(×)

78. 在试样制备的最后阶段，用机械方法对试样进行混合能提高缩分精密度。(√)

79. 缩分应使用机械方法，如用人工方法，则粒度小于 13mm 时，最好使用二分器。如用棋盘法和条带法缩分，则至少取 30 个子样。(×)

80. 颚式破碎机的特点是破碎比大、破碎效率高、出料粒度均匀，但该设备噪声大，水分大时易堵塞。(×)

81. 制样精密度实际上包括制样与化验精密度。(√)

82. 九点法取全水分煤样取样前无须混合。(×)

83. 空气干燥煤样温度应不超过 60℃。(×)

84. 用九点法取全水样后的余样也可用以制备一般分析试验煤样。(×)

85. 当煤样需要多次通过二分器缩分时，每次缩分后，应交替从两侧接收器中收取留样。(√)

86. 联合制样机缩分出的全水分煤样必须用九点法取全水，不能用二分器缩分。(×)

87. 使用二分器缩分煤样前必须将煤样掺合 3 次。(×)

88. 制样的标准筛中包含孔径为 25、13、6、3、1mm 和 0.2mm 的圆孔筛。(×)

89. 缩分可以在制样的任意阶段进行。(√)

90. 可用二分器分样合样 3 次以上，使煤样混合均匀。(√)

91. 可以用九点法取全水样后的余样制备一般分析煤样。(×)

92. 在制样过程中保持煤样粒度与其最大保留量之间的关系，是制样操作的主要技术要点。(√)

93. 商品煤存查煤样从报出结果之日起一般应保存 6 个月，已备复查。(×)

94. 当煤样粒度太大、水分太高时，可在 3mm 以前增加一制样阶段。(√)

95. 制备完毕的全水分煤样，应储存在不吸水、不透气的密封容器中，装样量不得超过容器容积的 3/4，并准确称量。(√)

96. 制样设备和程序不用进行精密度和偏倚试验。(×)

97. 落流缩分机切割器匀速切割煤流，其最大切割速度最大不得超过 1.5m/s。(√)

98. 煤样制备过程中，缩分前进行混合是十分必要的，因为这样可以减少制样误差。（×）

99. 进行煤样空气干燥时，煤层厚度不能超过煤样标称最大粒度的 3 倍或表面负荷为 $1g/cm^2$（哪个厚选用哪个）。（×）

100. 制样化验整体精密度核验时，用二分器将试样分成相等的两部分，然后从两均等试样中分别取双份试样。（×）

101. 横过皮带缩分机械的切割器切割煤流时，任一点的切割速度变化不超过预定基准速度的 5%。（×）

102. GB 474—2008《煤样的制备方法》规定，煤样的制备是根据灰分的大小分级制样的。（×）

103. 对煤样进行空气干燥，在不考虑制备全水分煤样的前提下，可在任一制样阶段进行。（√）

104. 煤样粒度大于 25mm 时，无论煤量多少，则先破碎使全部通过 25mm 方孔筛，掺合均匀后，用堆锥四分法缩分出不小于 30kg 的煤样。（×）

105. 一般情况下，横过皮带切割器对皮带的速度比越大，切割器的有效开口尺寸也越大，阻挡煤流的时间也越短，也越有利于缩分，因此速度越快越好。（× ）

106. 在进行机械化采样偏倚试验时，计算试样因素 g 值越小，需要的试样对数也越小。（×）

五、名词解释

1. 子样：采样器具操作一次或截取一次煤流全断面所采取的一份样。

2. 分样：由一个采样单元中采取的若干子样组成，能代表采样单元的一部分试样。

3. 总样：由一个采样单元中采取的全部子样合并构成，代表采样单元的一部分煤样。

4. 燃评：即燃料标准化管理评价，是指通过对火电企业燃料管理全过程、全方位工作的评价，发现影响燃料管理的问题，从而为改进燃料管理工作提供指导和依据。

5. 实质性偏倚：具有实际重要性或合同各方同意的允许偏倚。

6. 标称最大粒度：煤的标称最大粒度就是指在筛分试验中与筛上物累计质量分数最接近 5%但不大于 5%的筛子孔径尺寸。

7. 条带截取法：将煤样充分混合后，顺着一个方向随机铺成一长度至少为宽度 10 倍的长带，然后用一宽度至少为煤样标称最大粒度 3 倍的取样框，沿样带长度、每隔一定距离截取一段试样的缩分方法。

8. 存查煤样：存查煤样在原始煤样制备的某一阶段分取。存查煤样应尽可能少破碎、少缩分，其粒度和质量应符合相关标准规定。

9. 空气干燥状态：煤样在空气中连续干燥 1h 后，煤样的质量变化不超过 0.1%时，煤样达到空气干燥状态。

10. 定比缩分：以一定的缩分比，即保留的试样量和被缩分的试样量成一定比例的缩分方法。

11. 一般分析试验煤样：经过空气干燥的供实验室直接分析用的煤样，通常指粒度小于

0.2mm 的煤样。

12. 分样：由均匀分布于整个采样单元的若干子样组成的煤样。

13. 燃料：在空气中容易燃烧产生热量，且能广泛应用于工农业生产和人民生活中的物质。

14. 堆锥四分法：将煤样从顶端均匀分布，堆成一个圆锥体，再压成厚度均匀的圆饼并分成四个相等的扇形，取其中相对的扇形部分作为试样的缩分方法。

六、简答题

1. 机械采样装置在投运前必须由权威机构检验，式写出整机性能检验项目及相应的技术要求？

答：(1) 破碎机出料粒度的检验：符合采样机的最大标称出料粒度。

(2) 缩分比的检验：缩分器缩分比无显著性差异。

(3) 缩分器缩分精密度符合要求，不存在系统误差。

(4) 全水分损失检验：相对最大允许偏移 $B=1.0\%$，制样机全水分不存在实质偏移。

(5) 采样精密度检验：采样装置采样精密度应高于预期采样精密度。

(6) 采样代表性检验：机械采样与人工采样之间灰分平均值有一致性，不存在系统误差。

2. 入厂煤采样、制样、化验等环节的煤样应如何编码？

答：入厂煤采样、制样、化验等环节的煤样应采用自动编码器或实行多级编码。编码级数的确定应在控制风险前提下，兼顾效率，一般不少于三级。编码方法应以无规律和不易识破为原则，编码、解码应由计算机自动进行或采制化直接操作人员以外的人完成，编码人员不得私自透漏编码信息。

3. 试写出制样总则。

答：试样制备的目的是通过破碎、混合、缩分和干燥等步骤，将采集的煤样制备成能代表原来煤样特性的分析试验用煤样。使用精密度合格，无偏倚的制样设备。并保证制样过程中样品无污染。

4. 试简述二分器的主要技术指标和使用方法。

答：技术指标：二分器格槽宽度为煤样标称最大粒度的 3 倍且不小于 5mm，格槽数目两边应相等，宽度应相同，斜面坡度应不小于 60°。

使用方法：使用二分器缩分，缩分前不需要混合。入料时，簸箕应向一侧倾斜，并要沿着二分器的整个长度往复摆动，以使煤样比较均匀地通过二分器，缩分后交替选择一边煤样。

5. 试述堆锥四分法缩分煤样的正确操作方法。

答：把破碎、过筛的煤样用平板铁锹铲起堆成圆锥体，再交互地从煤样堆两边对角贴底逐锹铲起，堆成另一个圆锥。每锹铲起的煤样，不应过多，并分两三次撒落在新锥顶端，使之均匀地落在新锥的四周。如此反复对掺三次，再由煤样堆顶端，从中心向周围均匀地将煤样摊平（煤样较多时）或压平（煤样较少时）成厚度适当的扁平体。将十字分样板放在扁平体的正中，向下压至底部，煤样被分成四个相等的扇形体。将相对的两个扇形体弃去，留下的两个扇形体按规定的两个扇形体按规定的粒度和质量限度，制备成一般分析煤样或适当粒度的其他煤样。

6. 二分器在使用过程中应注意哪几点。

答：(1) 使用前要仔细检查二分器格槽宽度是否与煤样粒度相称。

(2) 检查二分器的各格槽宽度是否一致，若不一致则要调整。

(3) 给二分器入料时，摆动幅度要在二分器长度范围内，入料要均匀，速度不能过快，以免煤样堵住格槽，并且样流要经过格槽的中心位置，不要超前或靠后，以使煤样进入两边样斗的质量近于相等。

(4) 煤样水分较高时，要不时地振动二分器，以免阻塞。

(5) 缩分完煤样，要仔细检查二分器各格槽，并将其打扫干净。

7. 空气干燥的目的是什么。

答：(1) 除去煤样中部分水分，使之顺利通过破碎机和缩分机。

(2) 使煤样达到空气干燥状态，使试验过程中煤样水分变化达到最小程度，保证分析结果的准确度和精密度。

(3) 测定煤样的外在水分。

8. 影响煤的不均匀性的因素有哪些。

答：煤的不均匀性是指不同粒度的煤或相同粒度的煤具有不同的物理特性，影响煤的不均匀性的因素有很多，主要有以下三个方面：

(1) 煤炭粒度的分聚作用，破坏了煤质的均匀性。煤在由大到小按不同粒度级别组成的运动过程中，形成一个不均匀体。

(2) 按质量不同的自然偏析现象。

(3) 按破碎时的坚固性面分聚，这种分聚会使小块煤和大块煤具有不同的成分。

9. 什么是制样精密度？影响制样精密度的主要因素是什么？

答：制样精密度是用同一设备和同一制样程序对同一煤样进行大量次数制备所得试样的品质参数之间接近程度的量度。在操作正确下，影响制样精密度的主要因素是缩分，而影响缩分精密度的主要因素是缩分前的煤样均匀性和缩分后煤样保留量。

10. 机械缩分的基本方式是什么？

答：机械缩分是以多次切割试样的方式，从试样中取出一部分或若干部分而将试样缩分到一定量。缩分可一次进行，也可多次进行。

11. 简述九点法取全水分时应注意哪些问题。

答：九点法取全水分样时注意问题如下：

(1) 取样前先将煤样分成两部分，一部分取全水分煤样，另一部分制一般分析试验煤样，不能用取完全水分后的余样制备分析试验试样。

(2) 用堆锥法将试样掺合一次后摊开成厚度不大于标称最大粒度 3 倍的圆饼。

（3）九点定位以底圆半径为准。

（4）取样时要用符合要求的取样铲和插板取样，不要用手抓，因为手抓一般抓不到煤饼底部，而且抓起的煤样会部分洒落。

（5）每个点取的质量要接近相等并一次取够，如果不够，再在每个点补取相同质量的煤样，而且取全水分的动作要迅速，防止水分损失。

12. 简述人工制样过程中的两种主要误差及消除或减小方法。

答：（1）在搬运、制备过程中，煤粒、煤粉、水分的损失及外来杂质的混入。这种误差可用小心搬运、仔细操作和在适当的环境下采用适宜的设备来防止。

（2）在试样缩分即一部分煤样被保留，其余部分被弃掉过程中，由于粒度偏析和留弃不当使两部分的粒度组成发生偏倚，从而造成缩分误差。游离矿物质（矸石）含量越高，缩分误差越大。这种误差可通过缩分前的混合及保留的煤样质量的增大而减小，但不能消除。

13. 制样过程包括哪几个步骤。并说明其作用。

答：制样过程包括破碎、过筛、掺合、缩分、干燥 5 个步骤。其作用如下：

（1）破碎——减少粒度尺寸，减少煤的不均匀性。

（2）过筛——筛出位通过筛的大块煤，继续破碎。

（3）掺合——使煤粒大小混合均匀。

（4）缩分——减少样本数量，使其符合保留煤样量。

（5）干燥——除去煤样中的大量水分（干燥不是制样过程必不可少的步骤，因此也没有固定的程序，只有潮湿的无法进一步破碎和缩分的煤样才进行干燥）。

14. 怎样制备全水分煤样？

答：测定全水分煤样的制备可根据其水分含量多少按下列进行：

（1）对含水分少的煤样，将煤样直接破碎到规定粒度 6mm 以下稍加掺合摊平后，用九点法缩分出不少于 0.5kg 的煤样，立刻装入密封容器中。

（2）对含水分较多的煤样，可用破碎机一次破碎到粒度小于 13mm，并缩分出不少于 2kg 的煤样，立刻装入密封的容器中。

（3）对于水分多而不能顺利通过破碎机的煤样，应先将其中特大块煤筛选出，并破碎到粒度约为 13mm 以下掺和后用九点法分出 2kg 的煤样，立刻放入密封的容器内。

（4）不管是哪种煤样，都应做到制备要及时，缩分操作要迅速。将制备好的全水分煤样贴好标签，称出质量后，连同记录迅速送化验室。

15. 如何将 30kg 原煤样制成粒度小于 3mm（圆孔筛）的分析样品。

答：制样钢板清理干净后，将原煤样 30kg 过孔径 25mm 的方孔筛，未过者将其破碎使其全部通过。将上述煤样过孔径 13mm 方孔筛，未过者将其破碎使其全部通过。用相应的二分器缩分一次，保留 15kg，弃去 15kg。将上述粒度小于 13mm 的煤样过 6mm 方孔筛，未过者将其破碎使其全部通过。用相应的二分器缩分二次，保留 3.75kg，弃去 3.75kg。将上述粒度小于 6mm 的 3.75kg 煤样过 3mm 圆孔筛，未通过者，将其破碎令其全部通过。用相应的二分器缩分一次，保留 1.87kg，弃去 1.87kg。如制到一般分析试验煤样，则将 1.87kg 煤样用相应的二分器缩分 3～4 次。如提取全水分煤样在 13mm 或 6mm 弃样中用九点法取。

16. 试述 GB 474—2008《煤样的制备方法》对二分器的要求、操作二分器的注意事项。

答：要求：两侧格槽数目相等；格槽等斜面坡度不小于 60°；格槽数目不得少于 8 个；格槽开口宽度相等；格槽开口宽度为标称最大粒度的 3 倍，但最小不得小于 5mm。

注意事项：入料时，应使试样呈柱状沿着二分器的整个长度往复摆动供入格槽，供料要均匀并控制供料速度，勿使试样集中于某一端，勿发生格槽阻塞；要正确选用与煤样粒度相适应的二分器；当需分几步或几次通过二分器时，各步或各次通过后，应交替地从两侧接收器中收取留样。

17. 采制样机械系统的设计和加工至少应该满足哪些要求？

答：(1) 制样无实质性偏倚且精密度符合要求。

(2) 能在规定条件下保持工作能力。

(3) 操作安全，并且安全性符合现场安全规程要求。

(4) 足够牢靠，能承受预期到的最坏工作条件。

(5) 整个系统，包括缩分器、斜槽、供料器、破碎机和其他设备都能够自清洗且无阻塞，运转时很少需要维修。

(6) 能避免试样污染。

(7) 当制备粒度分析试样时，粒度离析达到最小程度。

(8) 水分和化学物理特性变化和细煤损失达最小程度。

18. 简述采制样的基本过程。

答：首先按规定的程序从分布于整个被采样批煤的许多不同部位各采取一份试样（即初级子样），然后将各初级子样合并成一个总样，再按规定的制样程序（包括筛分、破碎、缩分和空气干燥）制成要求数目和类型的试验煤样。

19. 空气干燥的目的是什么？

答：(1) 除去煤样中部分水分，使之顺利通过破碎机和缩分机。

(2) 使煤样达到空气干燥状态（和周围大气湿度达到接近平衡），使试验过程中煤样水分变化达到最小程度，保证分析试验结果的准确度和精密度。

(3) 测定煤样的外在水分。

20. “当煤样制备至 3mm 后，可直接用二分器缩分出不少于 100g 的煤样，用于制备一般分析试验煤样”。这句话对吗？应怎样说？为什么？

答：不对。只有当煤样制备至全部通过 3mm 圆孔筛（而不是方孔筛）后，才可直接用二分器缩分出不少于 100g 的煤样，用于制备一般分析试验煤样。

因为大量试验证明，只有当煤样制备至全部通过 3mm 圆孔筛后，直接用二分器缩分出不少于 100g 的煤样，用于制备一般分析试验煤样，制样精密度才符合要求。若从通过 3mm 的方孔筛的煤样中直接缩分出 100g 来制备分析煤样，从理论上讲，由于方孔筛的筛孔对角线的长度为圆孔筛孔径的 1.414 倍，煤样粒度大些，相比之下制样精密度偏低，实验数据也证明制样精密度偏低的趋势的存在。

21. 存查煤样的作用是什么？能否作为仲裁依据？对其保存有什么要求？

答：存查煤样的作用：①用于实验室质量管理；②原始化验结果有疑问或丢失时进行再检验；③发生品质纠纷或有疑问时进行再检验。

存查煤样的测定结果只能证明原化验结果是否正确，不能证明原采样和制样结果是否正确，因此它不能作为批煤品质纠纷的仲裁依据，特别是单方面的存查煤样。

保存——存查煤样应装在密封容器中，尽可能装满容器，并保存在低温无阳光直射、无强空气对流的地方。保存期应为煤样品质不发生显著变化的最长期限，商品煤存查煤样从报出结果之日起保存期限一般为 2 个月。

22. GB/T 19494.2—2004《煤炭机械化采样　第 2 部分：煤样的制备》中，对缩分后的初级子样有什么要求。

答：大多数机械化采样系统的初级子样质量都大大超过构成一个总样所需的质量。为避免试样量过多，可对初级子样进行缩分，或原样缩分或破碎后缩分。但是缩分后的初级子样质量 m 应满足公式 $m=m_g/n$（m_g——总样质量；n——子样数）规定的平均最小子样质量和公式 $m=d^2\times10^{-3}$（d——标称最大粒度）规定的绝对最小子样质量，但最少为 0.1kg。

23. 影响一般分析试验总样或其缩分后留样的最小质量的因素有哪些？

答：一般分析试验总样或缩分后留样的最小质量与物料本身的性质有关，与煤炭粒度、煤炭不均匀性和要求达到的精密度有关。

24. 简述在哪些情况下需检验煤样制备精密度。

答：(1) 首次采用或改变制样程序时。

(2) 新的缩分机和制样系统投入使用时。

(3) 对制样精密度产生怀疑时。

(4) 其他认为须检验制样精密度时。

25. 破碎—缩分联合机械应满足哪些要求？

答：(1) 能无实质性偏倚地缩分子样且精密度符合要求。

(2) 能在规定条件下保持工作的能力。

(3) 操作安全并符合现场安全操作规程。

(4) 足够牢靠，能在预想到的最坏条件下工作。

(5) 整个系统包括缩分器、破碎机、斜槽、运输带等能自清洗、无阻塞，运转中只需极少量维修。

(6) 供料均匀，粒度分析煤样的粒度减小达最低程度。

(7) 试样无污染，如上次制样的煤滞留。

(8) 试样的物理、化学特性变化如粉煤和水分的损失达到最小。

26. 试验室内煤炭制样的步骤和必备的工具有哪些？

答：(1) 制样步骤主要包括破碎、混合、缩分、空气干燥。

(2) 必备的主要工具有各种类型的破碎机，精密度符合要求的缩分机和联合破碎缩分机等；锤子、手工磨碎煤样的钢板和钢棍等；不同规格的二分器；十字分样板、铁锹、镀锌铁盘或搪瓷盘、毛刷、台秤、托盘天平、磅秤、清扫设备和磁铁等；存储全水分煤样和分析实验煤样的严密容器；振筛机和各种尺寸标准筛；温度可控的鼓风式干燥箱。

27. 在何种情况应对制样程序和设备进行精密度核验和偏倚试验？

答：(1) 首次采用或改变制样程序时。

(2) 新的缩分机和制样系统投入使用时。

(3) 对制样精密度产生怀疑时。

(4) 其他认为须检验制样精密度时。

28. 缩分设备应满足的要求有哪些？

答：(1) 切割器开口尺寸至少应为被切割煤标称最大粒度的 3 倍。

(2) 有足够的容量，能完全保留试样或使其完全通过，试样无损失或溢出。

(3) 不产生实质性偏倚，例如不会选择性地收集（或弃去）颗粒煤或失去水分。必要时应为全封闭式，以防水分损失。

(4) 供料方式应使粒度离析达到最小。

(5) 每一缩分阶段供入设备的煤流应均匀。

缩分机械应通过精密度检验和偏倚试验方可使用，由缩分机械得到的煤样的进一步缩分，应使用二分器。

29. 在何种情况下，应按 GB/T 19494.3—2004《煤炭机械化采样　第 3 部分：精密度测定和偏倚试验》所述方法对缩分机械进行精密度检验和偏倚试验。

答：(1) 新设计生产时。

(2) 新设备使用前。

(3) 关键部件更换后。

(4) 怀疑精密度不够或有偏倚时。

30. 煤炭分析试验煤样可分为哪几种？

答：(1) 全水分煤样。

(2) 一般分析试验煤样。

(3) 全水分和一般分析试验共用煤样。

(4) 粒度分析煤样。

(5) 其他试验如哈氏可磨指数测定、二氧化碳化学反应性测定等煤样。

31. 制样的技术要求有哪些？

答：(1) 煤样收到后应立即称重，逐项核对送样交接表信息与样桶一级编码信息相同。

(2) 要严格遵循煤样缩分后留样质量与粒度的对应关系。粒度小于 3mm 的煤样，缩分至 3.75kg 后，必须全部通过 3mm 圆孔筛，则可用二分器重新缩分出不少于 100g 的分析煤样和700g的存查煤样。

(3) 3mm缩分过程中，使用3mm二分器混合3次煤样，每一缩分阶段必须交替留样。

(4) 制备全水分煤样一定要快速，除使用联合破碎机可采用6mm的全水分煤样外，全水分煤样必须是在煤样全部通过13mm的方孔筛后，快速掺合一遍，用九点法取不少于3kg的全水分煤样。

(5) 煤样的制备应尽可能使用二分器和缩分机械，以减少缩分误差。缩分机必须经过权威部门检验合格后方可使用。

(6) 在粉碎成0.2mm煤样之前，应用磁铁将煤样中铁屑吸去，再粉碎到全部通过0.2mm的筛子，粉碎时间不大于120s。

32. 对制样室有哪些要求？

答：(1) 制样室（制样、存样、干燥、浮选等房间）应宽大敞亮，不受风雨及外来灰尘的影响，要有除尘设备。

(2) 制样室应为水泥地面。

(3) 堆掺缩分区在水泥地面上铺厚度6mm以上的钢板。

(4) 存样间不应有热源，不受强光照射，无任何化学药品。

33. 简述颚式破碎机的工作原理和特点。

答：颚式破碎机工作原理是动颚板对着定颚板作周期性的往复运动，时而分开，时而靠近，分开时煤样进入破碎腔，煤样从下部卸出；靠近时使装在两块颚板之间的煤样受到挤压、弯折和劈裂作用而破碎。

特点如下：

(1) 出料粒度可灵活调节。

(2) 动、定颚板采用特种耐磨合金钢铸造，并采用对称式设计，可换向安装延长其寿命。

(3) 整机密封性能好，破碎制样时无粉尘外泄。

(4) 前开门式颚式破碎机，在破碎完成后能很快地对破碎腔进行全面清扫。

(5) 颚式破碎机适用于破碎高强度、高硬度以及粒度分析试验时对煤样及其他物料的破碎。

34. 简述锤式破碎机的工作原理和特点。

答：锤式破碎机的工作原理是利用电动机带动转子（锤头）高速旋转产生冲击力，依靠高速冲击能量对煤样进行打击，并使煤样块相互撞击，从而使进入破碎腔内的煤样块在自由状态下沿其脆弱面而破碎。破碎后的煤通过筛板孔进入接料斗，完成煤样的破碎的过程。

特点如下：

(1) 设备破碎比大（即进料粒度与出料粒度之比）。

(2) 破碎效率高且破碎粒度均匀，结构紧凑，操作简单，粉尘污染小，噪声低。

(3) 破碎装置锤头采用耐磨材料制造，锤头为两幅扇形锤片，可有效防止煤样的过破碎，减少煤样因破碎而产生的水分损失，且锤头为对称布置，根据锤头磨损情况可调头安装，以延长锤头使用寿命。

(4) 配备三种粒径的筛板，具有快速更换筛板特点，能在 30s 内完成筛板的更换。

35. 简述对辊破碎机的工作原理和特点。

答：对辊破碎机工作部分一对圆筒形辊轮，两辊轮水平平行安装在机架上，前辊和后辊相向旋转。待破碎的煤样从进料口装入落在轧辊上，在摩擦力的作用下，卷入辊轮之间而破碎。被破碎后的煤样落入接料箱，完成整个制样过程。破碎辊之间的间隙调整决定了被破碎煤样的出料粒度。对辊破碎机在制样室里通常作为细碎设备获取小于或等于 3mm 以下粒度的煤样。

特点如下：

(1) 对煤样可进行逐级破碎。

(2) 对轨间隙可进行调节。

(3) 破碎辊两侧护板可拆卸，方便清理。

七、计算题

1. 某电厂化验室收到制样室送来的粒度为 6mm 煤样，立即称量煤样和密封容器的质量 m_1 为 950.2g，煤样标签上注明：密封容器的质量 m_y 为 200.5g，在制样过程中对总样经过干燥处理，其干燥损失率 M_1 为 6.0%，由于化验员另有急事，不能马上测定全水分，只得把上述装有全水分煤样的密封容器妥善放置。12h 后，化验员再次称量该煤样和密封容器的质量 m_2 为 946.5g。测定全水分时称量试样质量 m_3 为 10.52g，在规定条件下干燥失重 Δm 为 0.86g，试计算该批煤（制样室收样时）的全水分？

解：依题意该批煤在制样过程中干燥损失率 $M_1=6.0\%$，则化验室储存损失率为

$$M_2=\frac{m_1-m_2}{m_1-m_y}\times 100=\frac{950.2-946.5}{950.2-200.5}\times 100=0.49\%$$

(1) 化验室全水分测定值为

$$M_3=\frac{\Delta m}{m_3}\times 100=\frac{0.86}{10.52}\times 100=8.17\%$$

(2) 制样结束后的全水分为

$$M_{t1}=M_2+\frac{100-M_2}{100}\times M_3=0.49+\frac{100-0.49}{100}\times 8.17=8.62\%$$

(3) 该批煤（制样室收样时）的全水分为

$$M_t=M_1+\frac{100-M_1}{100}\times M_{t1}=6.0+\frac{100-6.0}{100}\times 8.62=14.1\%$$

2. 某实验室按如下方法进行破碎机水分损失检验：从一批接近破碎机水分保证值的煤中采取多个全水分专用煤样，将每个煤样破碎至标称最大粒度为 13mm，混合均匀，然后用二分器缩分成两份重量在 20～30kg 的煤样。其中一份通过破碎机破碎，收集全部破碎后

煤样并用九点法缩分出全水分试样（A）；另一份用九点缩分出全水分试样作为参比试样（B）。两样构成一试样对。共进行 10 对以上试验，测定各对试样全水分 M_t。比较试样 A 和参比试样 B 水分平均值，进行水分损失评定。先进行了一组 10 次试验，根据 GB/T 19494.3—2004《煤炭机械化采样　第 3 部分：精密度测定和偏倚试验》规定需补做 10 次作为第二组，数据已足够，如表 2-1 所示。

表 2-1　　破碎机水分损失试验数据

编号		参比试样 B M_t（%）	试样 A M_t（%）	差值 $d=A-B$	编号		参比试验 B M_t（%）	试样 A M_t（%）	差值 $d=A-B$
第一组	1	16.7	16.0	−0.7	第二组	11	16.5	16.1	−0.4
	2	14.3	13.9	−0.4		12	13.9	13.5	−0.4
	3	16.3	16.1	−0.2		13	13.6	13.3	−0.3
	4	8.3	8.2	−0.1		14	8.0	8.0	0
	5	17.0	16.0	−1.0		15	14.5	14.0	−0.5
	6	8.8	8.5	−0.3		16	16.6	15.9	−0.7
	7	16.2	15.8	−0.4		17	14.70	14.70	0
	8	16.2	16.0	−0.2		18	13.5	13.1	−0.4
	9	16.9	16.2	−0.7		19	13.2	12.9	−0.3
	10	14.2	14.2	0		20	8.9	8.8	−0.1

如最大允许偏倚（水分损失）$B=-0.4\%$，根据 GB/T 19494.3—2004 相关规定按下列要求，判断该破碎机是否具有实质性水分损失。（注意：已进行差值独立性检验。）

有关统计检验临界值，科克伦最大方差检验临界值 $C_{0.95,20}=0.480$，$F_{0.90,9,9}=3.179$，$t_{0.96,18}=2.101$（双尾），$t_{0.96,19}=1.729$（单尾）。

（1）在 95%置性概率下差值有否统计离群值？

（2）两组数据是否具有一致性？

（3）是否具有实质性水分损失？

解：（1）统计离群值检验。

$$C=\frac{d_{\max}^2}{\sum_{i=1}^{n_p}d_i^2}$$

$$=\frac{1.0^2}{0.7^2+0.4^2+0.2^2\pm0.1^2+0.3^2+0.4^2+0.2^2+0.7^2+0.4^2+0.4^2+0.3^2+0.5^2+0.7^2+0.4^2+0.3^2+0.1^2}$$

$$=\frac{1.0}{3.89}=0.257<C_{0.95,20}=0.480$$

因此，无统计离群值。

（2）两组数据一致性检验。

1）等方差检验。

$$F=\frac{V_1}{V_2}=\frac{\dfrac{\sum d^2-\dfrac{(\sum d)^2}{n}}{n_1-1}}{\dfrac{\sum d^2-\dfrac{(\sum d)^2}{n}}{n_2-1}}$$

$$=\frac{\dfrac{(0.7^2+0.4^2+0.2^2\pm 0.1^2+0.3^2+0.4^2+0.2^2+0.7^2)-\dfrac{(0.7+0.4+0.2+0.1+1+0.3+0.4+0.2+0.7)^2}{10}}{10-1}}{\dfrac{(0.4^2+0.4^2+0.3^2+0.5^2+0.7^2+0.4^2+0.3^2+0.1^2)-\dfrac{(0.4+0.4+0.3+0.5+0.7+0.4+0.3+0.1)^2}{10}}{10-1}}$$

$$=\frac{0.31^2}{0.22^2}=1.986<F_{0.90,9,9}=3.179$$

因此两组数据等方差。

2）等均值检验。两组数据联合方差为

$$\bar{S}_x=\sqrt{\frac{(n_1-1)s_1^2+(n_2-1)s_2^2}{n_1+n_2-2}}=\sqrt{\frac{(10-1)\times 0.31^2+(10-1)\times 0.22^2}{10+10-2}}$$

$$=\sqrt{0.7225}=0.27$$

均值一致性检验的统计量 t_m 为

$$t_m=\frac{|\overline{x_1}-\overline{x_2}|}{\bar{S}_x\sqrt{\dfrac{1}{n_1}+\dfrac{1}{n_2}}}$$

$$=\frac{\dfrac{0.7+0.4+0.2+0.1+1+0.3+0.4+0.2+0.7}{10}-\dfrac{0.4+0.4+0.3+0.5+0.7+0.4+0.3+0.1}{10}}{0.27\times\sqrt{\dfrac{1}{10}+\dfrac{1}{10}}}$$

$$=0.745<t_{0.96,18}=2.101$$

两组数据等均值。即两组数据具有一致性，可合并作为一组。

（3）具有实质性水分损失的检验。

差值平均值为

$$\overline{d}=\frac{\dfrac{\sum d_{i1}}{n_1}+\dfrac{\sum d_{i2}}{n_2}}{2}$$

$$=\frac{\dfrac{0.7+0.4+0.2+0.1+1+0.3+0.4+0.2+0.7}{10}+\dfrac{0.4+0.4+0.3+0.5+0.7+0.4+0.3+0.1}{10}}{2}$$

$$=0.355$$

标准差 $S_d=S_x=0.27$，$B=0.4$，则与 B 有显著性差异的统计量 t_{nz} 为

$$t_{nz}=\frac{B-d}{\left(\dfrac{s_d}{\sqrt{n_p}}\right)}=\frac{0.4-0.355}{\dfrac{0.27}{\sqrt{20}}}=0.745<t_{0.96,19}=1.729$$

因此破碎机存在与 0.4％相当的水分损失（负偏倚），即存在实质性水分损失。

3. 某制样员将煤样制备至粒度小于或等于 3mm 后按标准 GB 474—2008《煤样的制备方

法》中规定进行干燥，在放入温度控制在 40℃的鼓风开燥箱之前称量该煤样质量 m_1 为 109.844g，在鼓风开燥箱中鼓风开燥 1h 后，称量煤样质量 m_2 为 110.112g，再次放入鼓风开燥箱中鼓风开燥 1h 后，称量煤样质量 m_3 为 110.099g，再一次放入在鼓风开燥箱中鼓风开燥 1h 后，称量煤样质量 m_4 为 110.097g，试通过计算判别何时该煤样已达空气干燥状态。

解：第二次称量时的水分变化为

$$\Delta m=\frac{m_2-m_3}{m_2}\times 100=\frac{110.112-110.099}{110.112}\times 100=0.012\%<0.1\%$$

则煤样此时已达到空气干燥状态。

4. 对 180kg 潮湿的、粒度小于 50mm 的筛选煤，用颚式破碎机（出料粒度<25mm)、颚式破碎机（出料粒度<13mm)、锤式破碎机（出料粒度<6mm)、锤式破碎机（出料粒度<3mm)、对辊式破碎机（出料粒度<3mm、<1mm)、密封式粉碎机（出料粒度<0.2mm）以及各种规格的圆孔筛和二分器制备出一个 13mm 的全水分煤样、存查煤样和分析煤样。

解：将 180kg 潮湿的、粒度小于 50mm 的筛选煤摊在钢板上晾一段时间，估计不堵塞机器后收集起来并称重，然后用颚式破碎机（出料粒度<25mm）破碎，用与 25mm 相应的二分器缩分两次，将留样用颚式破碎机（出料粒度<13mm）破碎，用与 13mm 相应的二分器缩分 1 次，在弃样中缩分出不少于 3kg 的全水分样品，将留样用锤式破碎机（出料粒度<6mm）破碎，用与 6mm 相应的二分器缩分 2 次，将留样用对辊式破碎机（出料粒度<3mm）破碎，经 3mm 圆孔筛过筛后，用与 3mm 相应的二分器缩分出不少于 700g 的存查样和不少于 100g 分析样，将分析样在不高于 50℃的烘箱中干燥，然后用密封式粉碎机（出料粒度<0.2mm）粉碎，过 0.2mm 方孔筛，达到空气干燥状态后装瓶。

5. 某电厂对一制样缩分机进行制样精密度核验，采制化总精密度（P）目标值 P_L=1.5%，以干基灰分 A_d 计算，表 2-2 为两组制样精密度核验的试验结果，试判定此制样缩分机制样精密度是否符合要求。(差值的和为已知条件)

表 2-2　　　　**试　验　结　果**

第一组试验结果					第二组试验结果				
序号	试样 A A_d（%）	试样 B A_d（%）	差值 d	d^2	序号	试样 A A_d（%）	试样 B A_d（%）	差值 d	d^2
1	27.31	26.37	0.94	0.8836	11	27.43	26.88	0.55	0.3025
2	26.78	26.49	0.29	0.0841	12	26.12	26.97	−0.85	0.7225
3	26.95	26.10	0.85	0.7225	13	27.04	26.19	0.85	0.7225
4	26.47	26.04	0.43	0.1849	14	26.93	27.11	−0.18	0.0324
5	26.30	26.07	0.23	0.0529	15	26.09	25.77	0.32	0.1024
6	24.68	24.21	0.47	0.2209	16	28.61	27.65	0.96	0.9216
7	23.53	23.36	0.17	0.0289	17	24.23	23.89	0.34	0.1156
8	23.89	23.57	0.32	0.1024	18	25.16	25.77	−0.61	0.3721
9	26.98	26.32	0.66	0.4356	19	26.06	26.89	−0.83	0.6889
10	27.10	26.42	0.68	0.4624	20	24.94	24.94	0	0
$\sum d^2$（1）=3.18					$\sum d^2$（2）=3.9805				

解：第一组试验结果差值的标准差为

$$s_1 = \sqrt{\frac{\sum d^2}{2n}} = \sqrt{\frac{3.18}{20}} = 0.4$$

第二组试验结果差值的标准差

$$s_2 = \sqrt{\frac{\sum d^2}{2n}} = \sqrt{\frac{3.9805}{20}} = 0.45$$

$$V_{PT} = 0.05P_L^2 = 0.05 \times 1.5^2 = 0.1125$$

方差目标值下限为

$$0.70\sqrt{V_{PT}} = 0.70 \times \sqrt{0.1125} \times 0.235$$

方差目标值上限为

$$1.75\sqrt{V_{PT}} = 1.75 \times \sqrt{0.1125} = 0.587$$

由于第一组标准差 $0.235<0.4<0.587$

第二组标准差 $0.235<0.45<0.587$

所以两组标准差都在范围之内。

答：此制样缩分机制样精密度符合要求。

6. 某实验室购买一台破碎缩分制样机（离线），其结构为皮带给料机→锤式破碎机→振动给料机→切割槽缩分器→料斗。已知皮带给料机的额定出力为 1200kg/h，锤式破碎机出料标称最大粒度为 13mm。试回答：

（1）该破碎缩分制样机主要性能要求有哪些？

（2）对破碎机有何主要技术要求？

（3）对切割器有何主要技术要求？

（4）假定切割器的切割频率每分钟 45 次，切割速度 v 为 0.20m/s，开口尺寸 b 为 40mm，该缩分器缩分比是多少？

解：（1）破碎缩分制样机主要性能要求：

1）应不存在实质性水分损失，最大允许水分损失为 0.4%。

2）应为无偏倚系统（灰分）且精密度符合预期要求。

3）能再预期规定煤质条件下（标称最大粒度小于 100mm，外在水分不超过 9%，煤颗粒处于自由状，无明显可见非煤物质）保持工作能力，不会因为堵塞、清扫或维护而中断制样。

4）留样量不少于 15kg。

（2）对破碎机的主要技术要求：

1）锤击破碎机转速应不大于 950r/min。

2）入料口最小边长或孔径为入料标称最大粒度的 3 倍以上，破碎腔内不宜滞留样品；

3）破碎效率铭牌相符合，出料粒度应与预期 13mm 相符，用筛分法来检查出料粒度，出料粒度过筛率不小于 95%；

4）破碎机出力应与给料机供料出力匹配，不得小于 1200kg，不因破碎出力不足而堵煤。

(3) 对切割器的主要技术要求：

1) 切割器开口应为矩形，宽度应至少为 39mm，长度应大于煤流的宽度。

2) 切割器的前缘和后缘应在同一平面，该平面最好能垂直煤流下落轨迹。

3) 切割器应以均匀的速度通过煤流，截取一完整的煤流横截段作为切割样，任一点的速度变化不应超过预期速度的 5%。

4) 当缩分器的开口尺寸为 39mm 时，其运行速度不应大于 0.6m/s；当缩分器的开口尺寸大于 39mm 时，切割速度应满足下式要求，但最大不应超过 1.5m/s。

$$V_C = 0.3(1 + b/3d)$$

式中　V_C——缩分器切割速度，m/s；

b——缩分器开口尺寸，mm；

d——被采样煤标称最大粒度，mm。

5) 应按设定切割间隔切割煤样，切割间隔应保持一致，缩分比稳定。

6) 一个煤样的缩分次数不得少于 60 次。

(4) 缩分比。设煤样量为 Q_t(t)，给料流量为 Ct/h，则制样时间 $T=60Q/C$(min)

每个切割样质量为

$$Q = \frac{Cb \times 10^{-3}}{3.6v} = \frac{C \times 40 \times 10^{-3}}{3.6 \times 0.20} = 0.0556C(\text{kg})$$

$$\text{缩分比}=\text{留样}/\text{被缩分煤样} = \frac{0.0556C \times 60 \times \frac{Q}{C} \times 45}{1000Q} = 150 : 1000 = 1 : 6.7$$

7. 某电厂制样人员收到采样人员送来的一个煤样，煤样粒度为 13mm（采样人员告知该煤样非常湿，水分沾到容器上）。制样人员连桶带煤样称完质量后将煤样倒到清扫干净的钢板上进行制样（总样质量扣除了桶的质量后为 30kg）。制样人员将煤样先过 25mm 筛，全部通过 25mm 筛后堆锥缩分 1 次，弃样全部通过 13mm 方孔筛后稍微掺合后用九点法取全水分。另一份留样继续往下制备，得到 940g 3mm 方孔筛的存查样和 88g 的 3mm 方孔筛的分析煤样。试根据 GB 474—2008《煤样的制备方法》说明该制样人员的制备程序存在的问题。

解：(1) 由于该煤样非常湿，水分已沾到容器上，制样人员在制备之前应先将容器和煤样一块进行空气干燥后再进行制备，并做好记录，在计算全水分时将干燥失去的水分进行补正。

(2) 由于送来的煤样粒度已经为 13mm 了，应该直接过 13mm 筛子，不需要再过 25mm 筛子。而且 25mm 阶段留样量应不少于 40kg，不允许进行缩分。

(3) GB 474 规定，粒度小于 13mm 的煤样尽量使用二分器进行缩分，因此不提倡采用堆锥四分法进行缩分，况且该煤样总样质量也不大。

(4) 一般分析煤样要在 3mm 阶段分取，必须使不少于 700g 的煤样通过 3mm 圆孔筛后方可分取，该制样人员未使之通过圆孔筛就分取一般分析煤样。

（5）GB 474—2008 规定要在 3mm 阶段分取一般分析煤样，至少要分取出不少于 100g 的煤样，而该制样人员仅分取出 88g，留样量不满足要求。

8. 分析样粉碎机是通过支架手把螺栓将钢体上盖与钢体压紧，煤样在密闭钢体内通过钢体内偏心锤在电动机带动下成高频率振动，从而达到研磨功能。

现象：启动研磨开关 10s 左右粉碎机内产生巨大振动声，紧急拉掉启动开关，数秒后打开密闭粉碎机，经查，钢体内煤粉所剩无几。制样失败。试分析原因并给出处理意见。

解：原因：

（1）钢体支撑弹簧损坏。

（2）支架锁紧手把螺栓没有锁紧。

（3）钢体上盖与钢体没有压紧。

（4）煤样量放至过多。

（5）钢体上盖密封圈老化。

处理：（1）加强管理与培训。

（2）更换弹簧及密封圈。

（3）严格按 GB 474—2008 要求操作。

（4）定期检查设备。

（5）适当增加备用煤样，以防制样失败。

9. 某制样员收到采样员送来的比较干燥的 180kg 煤样，用如下制样程序制备了 3 个煤样：全水分煤样、存查煤样和一般分析煤。

（1）用缩分比为 1/8，出料粒度小于或等于 6mm 的联合破碎缩分机将煤样全部破碎。

（2）将弃样用堆锥法堆掺混合 3 次，用格槽宽度为 18mm 的二分器缩分 7 次，得到 1.23kg 煤样，放在密封瓶内作为全水分煤样。

（3）将留样用格槽宽度为 9mm 的二分器缩分 2 次，得到 5.625kg 煤样，将其通过出料粒度小于或等于 3mm 的对辊后用格槽宽度为 9mm 的二分器缩分 3 次得到两份 0.703kg 煤样，其中一份装入密封瓶内贴好标签，作为存查煤样；另一份继续用该二分器缩分 2 次，得到 0.175kg 煤样作为一般分析煤样。

（4）将 0.175kg 分析煤样摊平在镀锌托盘内，在 40℃温度下干燥 2h，然后用密封式研磨机将其磨制到 0.2mm，装入磨口瓶中送化验用做一般分析。

试检查该制样程序存在错误之处并加以改正。

解：（1）煤样应破碎至全部通过 6mm 方孔筛。

（2）使用二分器前煤样不用混合；此步骤应缩分 6 次，得到 2.46kg 全水分煤样。

（3）6mm 留样应使用格槽宽度为 18mm 的二分器缩分；通过对辊后应全部通过 3mm 圆孔筛。

（4）0.175kg 分析煤样应在不低于 50℃温度下干燥达到空气干燥状态；磨制成 0.2mm 的煤样前应用磁铁吸去煤样中铁屑；磨制成 0.2mm 后应在空气中放置一段时间，使其达到空气干燥状态再装入磨口瓶。

10. 采样室送来一质量为 32kg 的机采煤样，其粒度已达到 6mm，试设计制样方案，制备出全水分煤样 1.25kg、分析样不低于 100g、存查样不低于 700g。

解：(1) 用 6mm 的圆孔筛子过筛此煤样，将筛上物破碎直到彻底过完 6mm 圆孔筛子。

(2) 用 6mm 二分器将过完筛的煤样缩分 2 次，留下 8kg 煤样，丢弃 24kg 弃样。

(3) 将 8kg 的留样再次用 6mm 二分器缩分 1 次，其中一份 4kg 煤样利用九点取样法取 1.25kg 全水分煤样，或者用 6mm 二分器缩分出 1.25kg 全水分煤样，立即将其送至化验室。

(4) 用 3mm 的圆孔筛子过筛将上一步骤中的一份 4kg 留样，将筛上物破碎直到彻底过完 3mm 圆孔筛子。

(5) 用 3mm 的二分器缩分 2 次，得 1kg 留样，再将此 1kg 煤样缩分 2 次，分离出 250g 后留下 750g 煤样作为存查样存放。

(6) 将上一步骤中余下的煤样收集起来 (3.25kg) 缩分 5 次，得到 101g 分析煤样。

(7) 将 101g 煤样送入烤箱进行空气干燥 1h。

(8) 将已进行空气干燥后的分析煤样粉碎至 0.2mm 以下的粒度，装入玻璃瓶子中送至化验室。

11. 某煤炭公司与某电厂签订供煤协议，煤质按照发热量计价指标如下：

$Q_{gr,d}$=20.50～23.50MJ/kg，$S_{t,d}$=0.50%～0.70%。

某次电厂验收的结果如下：

$Q_{net,ar}$=18.82MJ/kg，$S_{t,ad}$=0.58%，M_{ad}=2.80%，A_{ad}=19.20%。

试问本批次煤炭的质量是否合格？若实验室测定全水分 M_t=5.0%，样品路途水分损失 M_x0.6%；三节炉测定氢元素时，使用 0.2010g 煤样时水分吸收管增重 0.0500g，试计算该批煤的低位发热量。

解：(1) 根据 GB/T 18666—2014《商品煤质量抽查和验收方法》约定（报告）值的确定：$Q_{gr,d}$=20.50MJ/kg（取下限），$S_{t,d}$=0.70%（取上限）。

(2) 干基灰分为

$$A_d = A_{ad} \times \frac{100}{100-M_{ad}} = 19.20 \times \frac{100}{100-2.80} = 19.75\%$$

(3) 发热量质量判定允许差 T_{fr} 为

$$T_{fr} \leqslant +0.056A_d/\sqrt{2} = +0.056 \times 19.75/1.414 = +0.78\text{MJ/kg}$$

全硫质量判定允许差 T_{qL} 为

$$T_{qL} \geqslant -0.70/\sqrt{2} = -0.12\%$$

(4) 全水和氢值。

1) 该批煤原始全水分为

$$M_t' = M_x + \frac{100-M_x}{100} \times M_t = 0.6 + \frac{100-0.6}{100} \times 5 = 5.57\%$$

2) 氢含量为

$$H_{ad}=\frac{0.1119(m_2-m_3)}{m}\times 100-0.1119M_{ad}$$

$$=\frac{0.1119\times 0.0500}{0.2010}\times 100-0.1119\times 2.80=2.47\%$$

（5）质量指标量值干基高位发热量为

$$Q_{gr,d}=(Q_{net,ar}+23M_t)\times\frac{100}{100-M_t}+206H_{ad}\times\frac{100}{100-M_{ad}}$$

$$=(18820+23\times 5.57)\times\frac{100}{100-5.57}+206\times 2.47\times\frac{100}{100-2.80}$$

$$=20589=20.59(\mathrm{MJ/kg})$$

$$S_{t,d}=S_{t,ad}\times\frac{100}{100\text{-}M_{ad}}=0.58\times\frac{100}{100-2.80}=0.60\%$$

（6）质量差及判定：

发热量＝报告值－检验值＝20.50－20.59＝－0.09MJ/kg＜＋0.78

全硫＝报告值－检验值＝0.70%－0.60%＝0.10%＞－0.12%

（7）结论：全硫和发热量质量均合格，所以该批煤质量合格。

12. 简述按 GB/T 18666—2014《商品煤质量抽查和验收方法》商品煤质量抽查和验收标准，对某入场煤（火车运输、品种为原煤、干基灰分大于 20%，全硫小于 1%）质量进行验收的全过程。

解：验收过程如下：厂方由至少两名人员按 GB 475—2008 规定采取煤样，需要特别注意的是：子样点布置应与出卖方的子样点在不同的对角线、不同的垂直平分线上或错开的小方块中，并将可能重合的采样点在最近的距离内错开；煤样按 GB/T 474—2008 规定制备，尽量使用二分器缩分；制备好的样品尽快按 GB/T 212—2008 煤的工业分析方法》测定其空气干燥基水分、空气干燥基灰分（若该批煤以灰分计价）、按 GB/T 212—2008 测定其空气干燥基全硫、按 GB/T 213—2008《煤的发热量测定方法》测定其空气干燥基高位发热量（若该批煤以发热量计价）；进行单项质量指标评定：

（1）干基灰分：测定值－检验值大于或等于规定值（－2.82%）为合格，否则评为不合格。

（2）干基高位发热量：测定值－检验值小于或等于规定值（＋1.12MJ/kg）为合格，否则评为不合格。

（3）干基全硫：测定值－检验值大于或等于规定值（－0.17%）为合格，否则评定为不合格。

（4）批煤质量评定：以灰分计价者，干基灰分和干基全硫都合格，该批煤质量评定合格；否则不合格。以发热量计价者，干基高位发热量和干基全硫都合格，该批煤质量评定为合格；否则不合格。

13. 某厂制样工对一煤样进行如下工作，试对其工作错误之处进行改正。

采样人员将标称最大粒度 25mm、32kg 有点湿的煤样送制样室。制样人员将其破碎至

13mm 煤样后从中取 3kg 装袋送化验室进行该煤样的全水分试验。将其剩余煤样称得 4kg 用对辊式破碎机制出 3mm，称得 700g 作为存查煤样和 200g 用于磨制一般分析煤样。200g 煤样磨制 0.2mm 后全部装瓶送化验室。

解：(1) 全水分煤样需将该 32kg 煤样破碎至 13mm 后用二分器缩分一次煤样分成 2 部分，在 16kg 弃样中用九点法取不少于 3kg 全水分试样。

(2) 16kg 留样不可直接用对辊破碎机制出 3mm 煤样，需先将 13mm、16kg 留样用锤式破碎机制 6mm 煤样后再用对辊破碎机制 3mm 煤样。

(3) 存查煤样至少为 1000g。

(4) 制备一般分析煤样大于 60g 即可。

(5) 所有制备程序中破碎后全要使其通过相应尺寸的筛子。3mm 全部过圆孔筛。

(6) 全部缩分应使用二分器，不得在煤样中随意称得。

(7) 在磨制 0.2mm 煤样前未对煤样进行空气干燥。

(8) 取全水分煤样后的弃样不可作为一般分析试样。

14. 某制样室对其使用联合破碎缩分机进行整体精密度和偏倚检验，要求制样和化验总方差目标值为 0.10。此破碎缩分机分为一级破碎至 6mm 和二级破碎至 3mm，一级缩分比为 1/8 和二级缩分比为 1/2，取 20 个质量分别为 32kg 煤样分别放入联合破碎缩分机，从二级缩分取出留样 A1；留样 A1 全部通过 3mm 圆孔筛后缩分出 100g 煤样制一般分析试验煤样，收集所有弃样返回制样系统，缩分第二份留样 A2，同时收集所有弃样 B，分别制备出一般分析试验煤样。化验其水分和灰分，计算出干基灰分（A_d%）结果，试验数据见表 2-3，从此数据看此联合破碎缩分机精密度是否达到要求？参比样结果是怎么得到的？是否存在实质性偏倚（B 取 0.50%）？是否存在偏倚？$t_{19,0.95}=1.729$，$t_{19,0.975}=2.093$

表 2-3　　试验数据

样品编号	留样 A_1	留样 A_2	弃样 B	参比样 R	$d_i=A_1-A_2$	差值的平方	$D_i=A_1-R$
1	33.45	35.12	33.24	33.27	−1.67	2.7889	0.18
2	34.32	34.56	35.12	35.02	−0.24	0.0576	−0.70
3	33.67	34.25	34.21	34.14	−0.58	0.3364	−0.47
4	35.32	35.10	34.87	34.93	0.22	0.0484	0.39
5	34.88	35.02	34.25	34.33	−0.14	0.0196	0.55
6	34.54	34.01	35.21	35.13	0.53	0.2809	−0.59
7	35.12	35.00	34.78	34.82	0.12	0.0144	0.30
8	34.21	34.87	34.91	34.82	−0.66	0.4356	−0.61
9	34.56	35.01	35.43	35.32	−0.45	0.2025	−0.76
10	35.62	36.02	36.34	36.25	−0.40	0.1600	−0.63
11	36.43	35.80	37.10	37.02	0.63	0.3969	−0.59
12	35.62	35.12	34.87	34.96	0.50	0.2500	0.66
13	35.98	36.02	35.42	35.49	−0.04	0.0016	0.49
14	36.14	35.80	36.77	36.69	0.34	0.1156	−0.55
15	36.74	36.25	37.01	36.98	0.49	0.2401	−0.24

续表

样品编号	留样 A_1	留样 A_2	弃样 B	参比样 R	$d_i=A_1-A_2$	差值的平方	$D_i=A_1-R$
16	35.45	36.45	36.21	36.12	−1.00	1.0000	−0.66
17	35.82	35.16	35.53	35.57	0.66	0.4356	0.25
18	36.72	35.80	35.99	36.08	0.92	0.8464	0.64
19	36.82	36.12	36.42	36.47	0.70	0.4900	0.35
20	36.12	36.00	35.74	35.79	0.12	0.0144	0.33
差值平均值							−0.0835
差值标准差 s							0.5321

解：(1) 精密度检验。

第一组标准差为

$$s_1=\sqrt{\frac{\sum_{i=1}^{n_p}d_i^2}{2n_p}}$$

$$=\sqrt{\frac{1.67^2+0.24^2+0.58^2+0.22^2+0.14^2+0.53^2+0.12^2+0.66^2+0.45^2+0.40^2}{2\times 10}}$$

$$=\sqrt{\frac{4.3443}{20}}=\sqrt{0.2172}=0.47$$

第二组标准差为

$$s_2=\sqrt{\frac{\sum_{i=1}^{n_p}d_i^2}{2n_p}}$$

$$=\sqrt{\frac{0.63^2+0.50^2+0.04^2+0.34^2+0.49^2+1^2+0.66^2+0.92^2+0.70^2+0.12^2}{2\times 10}}$$

$$=\sqrt{\frac{3.7906}{20}}=\sqrt{0.1895}=0.44$$

由题可知，标准差下限为

$$a_L\sqrt{V_{PT}^0}=0.70\times\sqrt{0.10}=0.22$$

标准差上限为

$$a_u\sqrt{V_{PT}^0}=1.75\times\sqrt{0.10}=0.55$$

a_u、a_L 为从 GB/T 19494.3—2004《煤炭机械化采样　第 3 部分：精密度测定和偏倚试验》的精密度范围计算因素表 1 中要求的值。

因 S_1、S_2 在上下限范围之内，所以精密度符合要求。

(2) 偏倚检验。参比样的合成为 $\frac{0.1\times A_1+31.9\times\frac{A_2}{16}+31.9\times B\times\frac{15}{16}}{32}$，表中已知条件 $\bar{d}=-0.0835$，$s_d=0.5321$。

因为 $-B(-0.5)<\bar{d}(-0.0835)<+B(0.5)$，所以进行下一步检验；

1) 与 B 显著性差异检验，则

$$t_{nz}=\frac{B-|\bar{d}|}{s_d}\times\sqrt{n_p}=\frac{0.5-0.0835}{0.5321}\times\sqrt{20}=3.50>1.729$$

说明该设备偏倚显著小于 B，即不存在实质性偏倚。

2）与 0 显著性差异检验，则

$$t_z=\frac{|\bar{d}|}{s_d}\times\sqrt{n_p}=\frac{0.0835}{0.5321}\times\sqrt{20}=0.70<2.093$$

所以此破碎缩分机无偏倚。

八、画图题

1. 试绘出初级子样一阶段缩分程序图。

答：初级子样一阶段缩分程序图如图 2-1 所示。

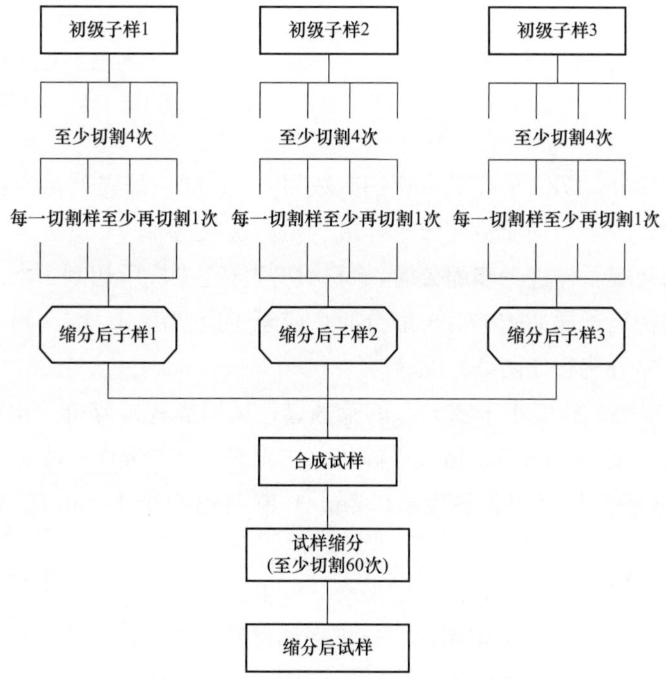

图 2-1 初级子样一阶段缩分程序图

2. 试画出九点法取全水示意图。

答：九点法取全水示意图如图 2-2 所示。

3. 标出螺旋锥形缩分器各部件名称。

答：螺旋锥形缩分器各部件名称如图 2-3 所示。

4. GB/T 19494.2—2004《煤炭机械化采样 第 2 部分：煤样的制备》对机械缩分法作出了明确规定。试绘图说明使用机械缩分法对单个初级子样缩分时的切割数的规定，并给出对单个初级子样一阶段缩分流程图。

答：单个初级子样的切割数根据以下决定：

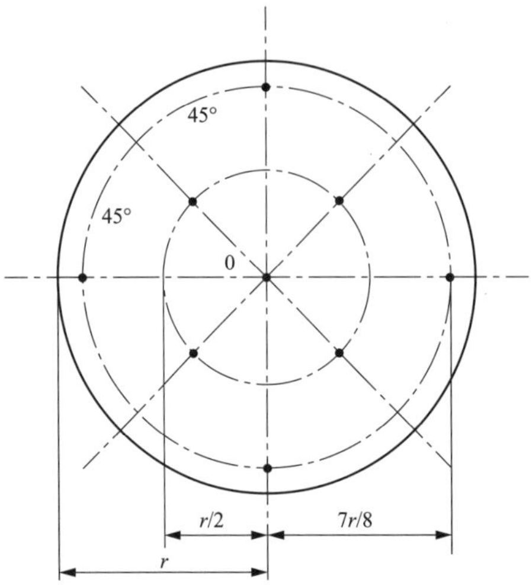

图 2-2　九点法取全水示意图

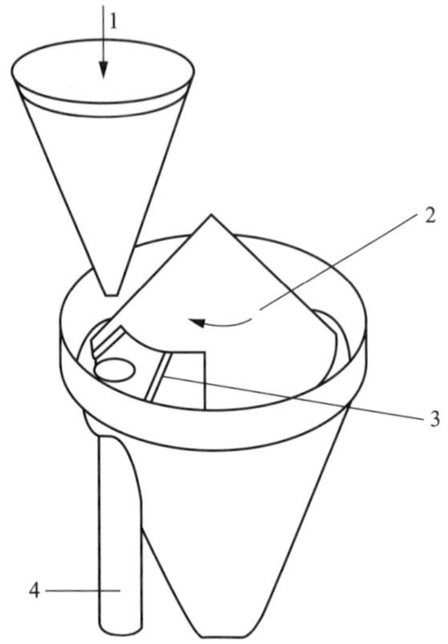

图 2-3　螺旋锥形缩分器各部件名称

1—供料；2—旋转锥；3—可调开口；4—缩分后试样

(1) 对定质量缩分，初级子样最少切割次数为 4，且同一采样单元各初级子样切割数应相等；对定比缩分，一个平均质量初级子样最少切割次数为 4。

(2) 缩分后的初级子样进一步缩分时，每一切割样至少应再切割 1 次。

(3) 缩分后的初级子样如破碎后再缩分时，应至少应切割 10 次。

初级子样一阶缩分流程如图 2-4 所示。

5. 对于 80kg 很湿、粒度小于 80mm 的筛选煤，试用颚式破碎机（出料粒度<25mm）、锤式破碎机（出料粒度<13mm）、锤式破碎机（出料粒度<6mm）、对辊式破碎机（出料粒度<3mm）、密封式粉碎机（出料粒度<0.2mm）制备出一个 13mm 的全水分煤样、存查煤样。

答：(1) 空气干燥，进行前后称量用来水分校正。

(2) 过 25mm 筛子，筛上物用颚式破碎机全部过筛，堆锥四分法留样量为 40kg。

(3) 40kg 过 13mm 筛子，筛上物经锤式破碎机（出料粒度<13mm），全部过筛，用堆锥四分法分成两部分（20kg）。

(4) 其中一部分稍加掺和九点法取全水。

(5) 另一部分过 6mm 筛子，筛上物经锤式破碎机（出料粒度<6mm），全部过筛。

(6) 粒度小于 6mm 煤样经 6mm 二分器缩分，留样量为 5kg。

(7) 5kg 过 3mm 筛子，筛上物过 3mm 圆孔筛，筛上物经锤式破碎机（出料粒度小于 3mm）。

(8) 3mm 煤样经 3mm 二分器缩分出 700g 留查样和 100g 样品用于制一般分析煤样。

6. 试画出一种落流采样器示意图。

答：落流采样器示意如图 2-5 所示。

7. 画出一般分析试验煤样制样流程示意图。

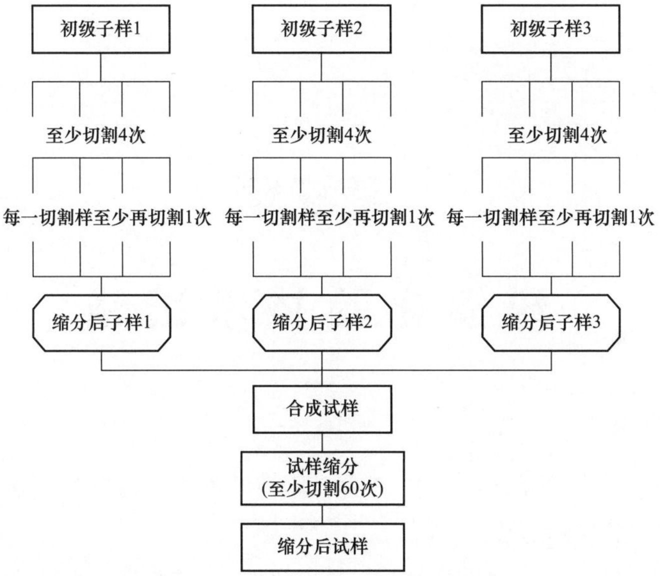

图 2-4　初级子样一阶段缩分流程图

答：有 34kg 标称最大粒度为 25mm 有点潮湿的共用煤样，使用颚式破碎机 A（出料粒度＜13mm）、锤式破碎机 B（出料粒度＜13mm）、锤式破碎机 C（出料粒度＜6mm）、对辊破碎机 D（出料粒度＜3mm）、密封式研磨机 E（出料粒度＜0.2mm）以及各种规格的筛子和二分器等工具对其进行制备，要得到 13mm 全水煤样，存查煤样和一般分析煤样各一份，用制样流程图表示制样过程，见图 2-6。

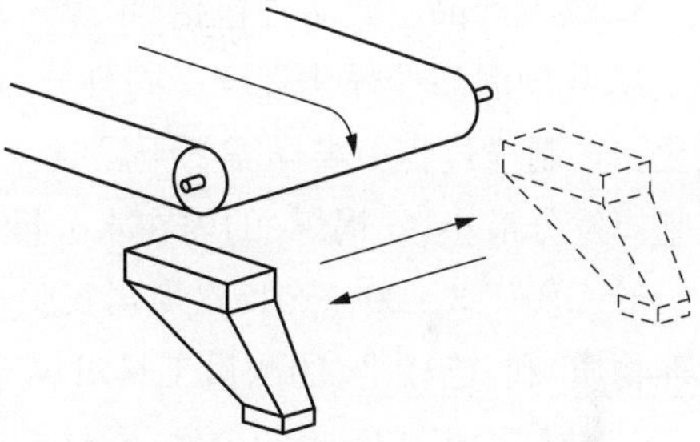

图 2-5　落流采样器示意

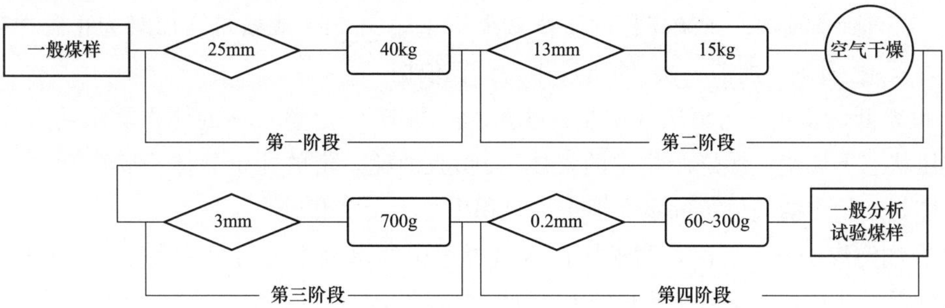

图 2-6　制样流程示意图

第三章

煤质化验技术试题

一、填空题

1. 煤炭分析试验方法的精密度，以重复性限和再现性临界差表示，即同一实验室的允许差和不同实验室的允许差表示。

2. GB/T 5751—2009《中国煤炭分类》是以煤的煤化程度及工艺性能作为分类的依据，将煤炭分为3大类、14类别。

3. 煤炭产品主要品种包括精煤、筛选煤、洗选煤、原煤、低质煤五项。

4. 我国煤炭按煤化程度不同可分为褐煤、烟煤、无烟煤，其中褐煤在空气中最易氧化，在制样过程中煤样需要干燥时，宜在低于40℃的环境下进行。无烟煤的干燥无灰基挥发分最小，褐煤的内在水分最大。

5. GB/T 31429—2015《煤炭实验室测试质量控制导则》规定，实验室应利用有证煤标准物质和已校准的测量工具对仪器设备进行期间核查。

6. 粒度小于13mm的全水分煤样，总样/缩分后总样的最小质量不少于3kg；粒度小于6mm的全水分煤样，总样/缩分后总样的最小质量不少于1.25kg。

7. 用空气干燥法测定粒度小于13mm的煤中全水分时，试验方法是在预先干燥和已称量过的浅盘内迅速称取煤样（500±10）g，称准至0.1g。进行检查性干燥时，每次30min，直到连续两次干燥煤样的质量减少不超过0.5g或质量增加时为止。在后一种情况下，采用质量增加前一次的质量作为计算依据。

8. 恒容低位发热量与恒压低位发热量相比，多出一定量气体的体积膨胀功，因为试样在恒压状态下燃烧，燃烧产物中的气体会膨胀消耗一定的能量（体积膨胀功），而恒容状态燃烧产物中的气体被固定在恒定的容积中，不会膨胀。

9. 在测定煤中全水分时，当煤样在运送过程中的水分损失百分率大于1.0%时，不可进行水分损失补正，在报告结果时，应注明“未经水分损失补正”，并将容器标签和密封情况一并报告。

10. 水分煤样应装入不吸水、不透气的密闭容器中；一般分析试验煤样应达到空气干燥状态后装入严密的容器中。

11. 封装煤样时，一般分析试验煤样和全水分的煤样都不应装满煤样瓶，以不超过煤样瓶的3/4即可，这便于取样化验时混合。封装与保存存查煤样的方法要达到煤样在规定期限内较少变质为准 的目的，例如可以采用蜡封。

12. 分析试样取样前，应将煤样 充分混匀 ；取样时，应尽可能从煤样容器的 不同部位 ，用 多点取样法 取出。

13. 凡需根据水分测定结果进行校正或换算的分析试验，应 同时测定 煤样水分；如不能同时进行，两者测定也应在尽量短的、煤样水分 未发生显著变化 的期限内进行，最多不超过 5天 。

14. 测定一般分析试验煤样水分时，从干燥箱中取出称量瓶，立即 盖上盖 ，放入 干燥器 中冷却至室温 约20min 后称量。进行检查性干燥，每次 30min ，直到连续两次干燥煤样的质量减少不超过 0.0010g 或质量增加时为止，在后一种情况下，采用 质量增加前一次 的质量为计算依据。水分小于 2.00% 时，不必进行检查性干燥。

15. 缓慢灰化法进行灰分的测定时：将灰皿送入炉温不超过 100℃ 的马弗炉恒温区中，关上炉门并使炉门留有 15mm 左右的缝隙，在不少于 30min 的时间内将炉温缓慢升至 500℃ ，并在此温度下保持 30min 。继续升温到 (815±10)℃ ，并在此温度下灼烧 1h 。进行检查性灼烧，温度为 (815±10) ℃，每次 20min ，直到连续两次灼烧后的质量变化不超过 0.0010 g为止，以 最后一次灼烧后 的质量为计算依据。灰分小于 15.00% 时，不必进行检查性灼烧。

16. 煤的挥发分测定中使用的坩埚架用 镍铬丝或其他耐热金属丝 制成。坩埚底部紧邻 热电偶热接点上方 。

17. 测定煤的挥发分时，将马弗炉预先加热至 920℃ 左右。打开炉门，迅速将放有坩埚的坩埚架送入 恒温区 ，立即关上炉门并计时，准确加热 7min 。坩埚及坩埚架放入后，要求炉温在 3min 内恢复到 (900±10) ℃。此后保持在 (900±10) ℃，否则此次试验作废。加热时间包括 温度恢复时间在内 。

18. 一个在热作用下不发生变化的物体，加热时，由于受到 气体密度 、气体流量和 温度 等因素的影响，相对于常温实验室的称量条件而产生的质量增加或减少的现象称为 浮力效应 ， 自动工业分析仪 采用浮力效应原理进行测量。

19. 煤的固定碳与挥发分之比称为燃料比。无烟煤的最小燃料比是 9：1 ；褐煤的最大燃料比是 63：37 。

20. 热量计的精密度和准确度的要求：测试精密度要求为 5 次苯甲酸重复测定结果的 相对标准差 不大于 0.20% ；准确度要求为标准煤样 测试结果 与 标准值 之差都在 不确定度 范围内，或者用 苯甲酸 作为样品进行 5 次发热量测定，其平均值与标准热值之差不超过 50J/g 。计算中除 燃烧不完全 的结果外，所有的测试结果不应 随意舍弃 。

21. 由煤的弹筒发热量计算高位发热量时，当煤的全硫含量低于 4.00% 或发热量大于 14.60MJ/kg 时可用全硫代替弹筒硫计算弹筒发热量。

22. 进行发热量测定时，试验开始后观察热量计的内筒温度，如在30s内温度 急剧上升 ，则表明点火成功。热量计的外筒温度应尽量接近 室温 ，相差不得超过 1.5K（开尔文） 。镍铬材质的点火丝的热值为 6000J/g 。

23. 自动氧弹量热计在每次试验中应以打印或其他方式记录并给出详细的信息，如 观测温升 、 冷却校正值（恒温式） 、 有效热容量 、 样品质量和样品编号 、 点火热和其他附加热 等。

24. 库仑法测硫时，调节送样程序控制器，使煤样预分解及高温分解的位置分别处于 500 ℃和 1150 ℃处。

25. 库仑法测定煤中全硫时，开动供气泵和抽气泵并将抽气流量调节到 1000mL/min 。在抽气下，将 电解液 加入电解池内，开动 电磁搅拌器 。

26. 定硫仪的多点标定法：用硫含量能覆盖被测样品硫含量范围的至少 3 个有证煤标准物质进行标定。单点标定法是用 与被测样品硫含量相近的 标准物质进行标定。

27. 定硫仪标定期间核查：仪器测定期间应使用煤标准物质或者其他控制样品定期（建议每 10～15 次测定后）对测硫仪的 稳定 性和 标定的有效 性进行核查，如果煤标准物质或者其他控制样品的测定值超出标准值的不确定度范围（控制限） ，应按步骤重新 标定仪器 ，并重新测定 自上次检查以来的样品 。

28. 煤炭组成通常可用 工业分析 或 元素分析 方法表示，煤的工业分析包括 水分 、 灰分 、挥发分 、 固定碳 四项，煤的元素分析包括 C（碳） 、 H（氢） 、 O（氧） 、 N（氮） 、S（硫） 五种元素。

29. 测定挥发分后所得焦渣的特征按 GB/T 212—2008《煤的工业分析方法》规定共分为粉状、 黏着 、弱黏结、 不熔融黏结 、不膨胀熔融黏结、 微膨胀熔融黏结 、膨胀熔融黏结、 强膨胀熔融黏结 八类。

30. 煤质分析中常用的燃煤基准有 收到基 、 空气干燥基 、 干燥基 、 干燥无灰基 四种。

31. 煤是 古代植物 被埋在地下，受地层压力及地热作用，历经亿万年，经历 泥炭化作用 及 煤化作用 两个阶段逐步演变而成。

32. 煤是由古代植物经过复杂的 生物化学 、 物理化学 和 地球化学 作用转变而成的 固体有机可燃矿产 。

33. 测定煤样的全水分之前，应首先检查煤样容器的 密封情况 。称取煤样全水分之前，应将密封容器中的煤样充分混合至少 1min 。

34. 空气干燥法测粒度小于 13mm 的煤中全水分时，将盛有煤样的浅盘放入预先加热到 105～110 ℃的空气干燥箱中，在鼓风条件下，烟煤干燥 2h ，无烟煤干燥 3h 。将浅盘取出， 趁热 称量， 称准至 0.1g 。

35. 测定一般分析试验煤样水分时：通氮干燥法适用于 所有煤种 ，空气干燥法仅适用于 烟煤 和 无烟煤 ，微波干燥法适用于 褐煤 和 烟煤 。测定煤中全水分时，氮气干燥法适用于 所有煤种 ，空气干燥法适用于 烟煤（易氧化的煤除外） 和 无烟煤 。

36. GB/T 211—2017《煤中全水分的测定方法》规定，对某些特殊煤种，若测定的全水分低于一般分析试验煤样水分，应采用 两步法或方法 A 测定全水分，并用 一般分析试验煤样水分 代替内在水分。

37. 测定全水分使用的称量瓶：直径为<u>70mm</u>，高为<u>35～40mm</u>，并带有严密的<u>磨口盖</u>。测定一般分析试验煤样水分所使用的称量瓶：直径为<u>40mm</u>，高为<u>25mm</u>，并带有严密的<u>磨口盖</u>。

38. 测定煤中灰分时，用到的灰皿为瓷质，长方形，底长为<u>45mm</u>，底宽为<u>22mm</u>，高为<u>14mm</u>。

39. 一般分析试验煤样的水分是根据煤样的<u>质量损失</u>计算出水分的质量分数。以<u>灼烧后残留物的质量</u>占煤样质量的质量分数作为煤样的灰分。挥发分是以<u>灼烧后减少的质量</u>占煤样质量的质量分数，减去<u>该煤样的水分含量</u>。

40. 测定灰分时，煤样均匀地摊平在灰皿中，使其每平方厘米的质量不超过<u>0.15g</u>。灰分含量在15.00%～30.00%的煤样灰分测定的重复性为<u>0.30</u>%。

41. 挥发分测定在预先于<u>900℃</u>温度下灼烧至质量恒定的带盖瓷坩埚中，称取粒度小于<u>0.2mm</u>的一般分析试验煤样<u>（1±0.01）</u>g，称准至<u>0.0002g</u>，然后轻轻振动坩埚，使煤样<u>摊平</u>，<u>盖上盖</u>，放在坩埚架上。<u>褐煤</u>和<u>长焰煤</u>应预先压饼，并切成宽度约为<u>3mm</u>的小块。

42. 挥发分测定坩埚应使用带有<u>配合严密盖</u>的瓷坩埚，总质量为<u>15～20</u>g。

43. 挥发分测定：从炉中取出挥发分坩埚，放在空气中冷却<u>5min</u>左右，移入干燥器中冷却到室温<u>约20min</u>后称量。

44. 煤的挥发分随煤的变质程度的增高而<u>降低</u>，随煤的氧化程度的增高而<u>降低</u>。

45. 测定灰分/挥发分的马弗炉的恒温区应在关闭炉门下测定，并<u>至少每年</u>测定一次。高温计（包括毫伏计和热电偶）<u>至少每年</u>校准一次。

46. 按照GB/T 30732—2014《煤的工业分析方法　仪器法》规定，自动工业分析仪测定水分、灰分、挥发分时，热态称量等试验条件引入系统误差采用<u>引入浮力效应的修正值</u>的方法来消除。高温燃烧中和法测定煤中全硫时设备装置缺陷引入系统误差采用<u>引入与含硫量有关的修正因子</u>的方法来消除。

47. 自动工业分析仪应包括高温炉、<u>内置天平</u>、试样承接和传送装置、温度测控和显示系统、炉膛气氛控制系统、<u>结果显示和打印装置</u>等。

48. 煤样的空气干燥基挥发分计算公式为V_{ad}=<u>$(m_1/m\times100)-M_{ad}$</u>。煤样的空气干燥基固定碳计算公式为FC_{ad}=<u>$100-(M_{ad}+A_{ad}+V_{ad})$</u>。（公式解释详见GB/T 212—2008《煤的工业分析方法》）。

49. 恒容高位发热量即由弹筒发热量减去<u>硝酸形成热</u>和<u>硫酸校正热</u>后得到的发热量。

50. 热量计的有效热容量是指量热系统<u>产生单位温升所需的热量</u>，通常用<u>焦耳每开尔文（J/K）</u>表示。

51. 发热量测定时，往氧弹中加入<u>10mL</u>蒸馏水。往氧弹中缓缓充入氧气，直到压力达到<u>2.8～3.0</u>MPa，达到压力后的持续充氧时间不得少于<u>15s</u>；如果不小心充氧压力超过<u>3.2</u>MPa，停止试验，放掉氧气后，重新充氧至<u>3.2</u>MPa以下。当钢瓶中氧气压力达到 5.0 MPa以下时，充氧时间应 酌量延长 ，压力降到 4.0MPa 以下时，应更换新的钢瓶氧气。

52. GB/T 213—2008《煤的发热量测定方法》规定：热量计氧弹应定期进行不小于 20.0 MPa的水压试验。每次水压试验后氧弹的使用时间 一般不应超过两年 。电子天平检定周期 一般不得超过1年 。压力表每 2 年应经计量部门检定一次；按计量法规，热量计属于强制检定的计量仪器，其检定周期为 2年 。

53. 采用恒温式量热仪进行发热量测试时，设置初期和末期的目的是 确定内外筒热交换特性，以便对燃烧反应主期内内筒与外筒的热交换进行正确的校正 ，设置主期的目的是 获得煤样燃烧期间内筒温升值 。

54. 发热量实验中，对于燃烧时易于飞溅的试样，可用已知质量的 擦镜纸 包紧后再进行测试，或先在压饼机中将煤样 压饼 并切成粒度为 2～4mm 的小块使用。对于不易完全燃烧的试样，可用 石棉绒 做衬垫。如加衬垫仍燃烧不完全，可提高 充氧压力 至 3.2MPa ，或用 已知质量和热值 的擦镜纸包裹称好的试样并用手压紧，然后放入燃烧皿中。

55. 弹筒硫计算公式为

$$S_{b,ad}=\left(c\times\frac{V}{m}-\frac{\alpha Q_{b,ad}}{60}\right)\times 1.6$$

式中 c——氢氧化钠标准溶液的浓度，mol/L；

V——滴定用去的氢氧化钠溶液体积，mL；

m——试样质量，g；

α——硝酸形成热校正系数；

$Q_{b,ad}$——空气干燥基弹筒发热量中，60 相当于 1mmol 硝酸的形成热 1.6 是指将每摩尔硫酸 $\frac{1}{2}H_2SO_4$ 转换为硫的质量分数的转换因子。

56. 煤中全硫的测定方法有 艾士卡法 、 库仑滴定法 、 高温燃烧中和法 ，其中 艾士卡法 是仲裁方法。

57. GB/T 214—2007《煤中全硫的测定方法》中规定，用艾士卡法测定全硫时，对称样量的规定：当全硫含量小于5%时，称样量为 (1.00±0.01) g；全硫含量为5%～10%时，称样量为 0.5g ；全硫含量大于10%时，称样量为 0.25g ；这样规定是为了 防止氯化钡的加入量可能不够，使硫酸钡沉淀不完全，造成结果偏低 。

58. 库仑测硫仪燃烧管活塞及电解池间均需用 硅橡胶管 连接，并尽量做到玻璃口对玻璃口封接，以防硫氧化物对硅胶管的腐蚀。

59. 煤的固定碳随变质程度的加深而 增大 ，在煤的燃烧中，利用固定碳来计算 燃烧设备的效率 。

60. 当库仑测硫仪的净化管内 70 %的硅胶由蓝色变成红色应及时更换或烘烤。

61. 库仑测硫法使用 三氧化钨 作为催化剂的目的是 降低硫酸盐硫分解温度 。

62. 使用库仑测硫仪进行煤中全硫的测定时在瓷舟中放入少量非测定用的煤样，是为了进行<u>终点电位调整试验</u>。

63. 定硫仪多点标定法：每一种标准物质至少重复测定<u>3</u>次，以<u>3</u>次测定值的<u>平均值</u>为煤标准物质的硫测定值。

64. 库仑滴定法测定煤中全硫精密度中，规定当煤样的全硫质量分数 $S_{t,ad}/\%$ 小于或等于<u>1.50</u>%时，测定结果的重复性限为0.05%。

65. 库仑法测定全硫时，规定测硫仪的进气流量为<u>1500mL/min</u>，出气流量为<u>1000mL/min</u>的原因是<u>在设备进口处起到气封的作用，避免未干燥的空气进入燃烧管和生成的气体逸出</u>。

66. 干燥无灰基挥发分符号为<u>V_{daf}</u>。空气干燥基转换为干燥基的换算系数为<u>$100/(100-M_{ad})$</u>，空气干燥基转换为收到基的换算系数为<u>$(100-M_{ar})/(100-M_{ad})$</u>。

67. 天平使用前应检查是否处于<u>水平</u>状态。电子天平使用前要进行预热，一般为<u>30min</u>。天平室内<u>温度、湿度</u>应较恒定，室内温度应在<u>20～30℃</u>之间。称量时手必须干净，取样勺应<u>擦干净</u>。称量时天平门要<u>轻开轻关</u>，记录读数时要先关<u>天平门</u>，称量前煤样要充分混合均匀，称量时若有煤样洒落在天平托盘上应<u>在读数前清扫</u>。称样时若有煤样洒落在天平里，在当时或本次称量完毕后<u>清扫干净</u>。称量时应从天平内取出<u>干燥剂</u>。称量时多余的样品不得<u>放回煤样瓶中</u>，称量后要及时将煤样瓶塞<u>盖好</u>。抖动加样时不得磕碰<u>天平</u>。

68. GB/T 18666—2014《商品煤质量抽查和验收方法》中规定采样基数是指<u>抽查或验收时实施采样的批煤量。</u>商品煤质量验收时验收煤样的采样基数应为<u>买受方收到的，出卖方发给的整批煤量（包括分数次或数日抵达买受方的同一批煤炭）</u>。检验值为<u>检验单位</u>按GB/T 18666—2014方法对被检验批煤进行采样、制样和化验，所得的<u>煤炭质量指标值</u>；报告值为<u>被检验单位</u>出具的检验批煤的质量指标值，包括被检验单位的<u>测定值</u>或<u>贸易合同的约定值</u>、<u>产品标准</u>（或规格）规定值。

69. 发热量单位MJ/kg的中文为<u>兆焦每千克</u>。

70. 用分析天平称取一煤样的质量为1.0008g，则此次称量的相对误差为<u>±0.02%</u>。

71. 库仑滴定前和滴定至终点时，电解池中铂指示电极间的电位接近零，指示电极间有近<u>10μA（微安）的电流</u>通过；在二氧化硫进入电解池后，电解液中的碘被还原，指示电极间的电位升高，极间<u>无电流</u>通过。

72. 库仑定硫仪电解池可充入电解液体积为<u>250～300mL</u>，内有面积约为<u>150mm²</u>的铂电解电极对和面积<u>约15mm²</u>的铂指示电极对。电解过程中电解电极——阳极上发生的电解反应称为<u>氧化反应</u>，其主要反应式为<u>$2I^- - 2e^- = I_2$</u>；在阴极上发生的电解反应称为<u>还原反应</u>，其主要反应式为<u>$2H^+ + 2e^- = H_2$</u>。电解液中发生的化学反应式为<u>$I_2 + SO_2 + 2H_2O = 2HI + H_2SO_4$</u>。

73. GB/T 17608—2006《煤炭产品品种和等级划分》中煤炭产品按其用途、加工方法和技术要求划分为5大类，分别是<u>精煤</u>、<u>洗选煤</u>、<u>筛选煤</u>、<u>原煤</u>、<u>低质煤</u>，共分为<u>29</u>个品种。

74. 某化验员用艾士卡法测得某煤样的全硫 $S_{t,ad}$ 为 2.88%，灰分 A_{ad} 为 20.78%，煤样用缓慢灰化法灰化后，测得煤灰中三氧化硫为 5.50%，则煤中不燃硫 $S_{ic,ad}$ 为 0.46%，煤中可燃硫 $S_{c,ad}$ 为 2.42%。

75. 已知某煤样的收到基灰分 A_{ar}=16.30%，外在水分 M_f=3.2%，若已经过实验证明该煤样的一般分析试验煤样水分可以代替它的内在水分，则该煤样的空气干燥基灰分 A_{ad}=16.84%。

76. 一般分析试验煤样达到空气干燥状态的标志是室温下连续干燥 1h 后，煤样质量变化不超过 0.1%。如果没有到达空气干燥状态，会造成煤样称不准和需要用水分进行校正或者基的换算时结果不准。

77. 恒温式热量计的内筒外壁抛光，内外筒之间有空隙，前者主要是为了防止热辐射引起的热损失，后者主要是为了防止热传导引起的热交换。

78. 煤炭分析可以其特征分为煤的固有成分和固有特性分析和规范性试验两大类，它们的特点分别是试验结果不随试验方法而改变和试验结果随试验条件而改变。

79. GB/T 211—2017《煤中全水分的测定方法》规定，空气干燥箱应有足够的换气量，每小时换气 5 次以上，通氮干燥箱每小时可换气 15 次以上。

80. 煤的发热量测定中，硫酸校正热是指氧弹反应中形成的水合硫酸与气态二氧化硫的形成热之差。

81. 计算恒容低位发热量需要知道煤样中水分和氢含量。原则上计算恒压低位发热量还需知道煤样中氧和氮含量。

82. 自动控温的恒温式热量计外筒在整个试验过程中，外筒水温变化应控制在±0.1K之内；静态式外筒，盛满水后其热容量应不小于热量计热容量的 5 倍。

83. 发热量测定完毕收集到的洗液中主要的酸性物质是硫酸和硝酸。煮沸洗液 3～4 min，以驱除溶液中的二氧化碳。稍冷，以酚酞为指示剂，趁热用氢氧化钡标准溶液滴定洗液，形成硫酸钡沉淀和硝酸钡。记下所用的氢氧化钡溶液的体积。准确加入 20mL 碳酸钠标准溶液，使硝酸钡转化成碳酸钡。过滤，用盐水洗涤三角瓶并沉淀。用盐酸标准溶液返滴定过量的碳酸钠。

84. 恒温式量热仪需进行冷却校正，冷却校正依据的原理是牛顿冷却定律，冷却校正值的单位是 K（或℃）。

85. 新型（新）热量仪用苯甲酸至少进行 8 次标定，苯甲酸质量一般为 0.7～1.3 g。

86. 在库仑测硫仪燃烧管出口处充填洗净干燥的玻璃纤维棉，在距出口端约 80～100 mm 处充填厚度约为 3mm 的硅酸铝棉，其作用是保证样品充分燃尽。

87. 标定硫酸标准溶液通常采用基准物质碳酸钠；标定氢氧化钠标准溶液通常采用基准物质邻苯二甲酸氢钾。

88. 硅碳管高温炉通常采用铂铑-铂热电偶，短期测量可达 1600℃；马弗炉通常采用镍铬-镍铝硅热电偶，短期测量温度为 1100℃。

89. GB/T 214—2007《煤中全硫的测定方法》中规定，高温燃烧中和法测定全硫，规定氯含量高于<u>0.02%</u>的煤或用<u>氯化锌</u>减灰的精煤应进行氯的校正，否则结果偏高。

90. 煤中可燃硫包括<u>有机硫</u>、<u>硫化物</u>、<u>元素硫</u>。其中，有机硫是与煤的有机质相结合的硫，实际测定中以全硫减去<u>硫铁矿硫</u>和<u>硫酸盐硫</u>而得。

91. 煤灰中的酸性组分是指<u>硅、铝、钛</u>等的氧化物，碱性组分是指<u>钾、钠、铁、钙、镁</u>等的氧化物，通常<u>碱性（酸性）</u>组分含量越高，煤的灰熔融温度<u>越低（越高）</u>。

92. 常用的灰锥托板材料有<u>氧化镁</u>和<u>氧化铝</u>，氧化镁适用于<u>碱性</u>；氧化铝适用于<u>酸性</u>煤灰。

93. 采用硼酸吸收氨气，过量的硼酸<u>不影响</u>测定结果。

94. 采用<u>盐酸</u>处理煤样以测定煤中碳酸盐二氧化碳，煤中硫化物硫形成<u>H_2S</u>。为消除干扰，用粒状<u>无水硫酸铜</u>浮石吸收。

95. 自动工业分析仪挥发分测定炉要求能控温在<u>(900±10)℃</u>，有足够的<u>(900±5)℃</u>的恒温区。

96. 高温炉如关闭烟囱，会导致灰分测定结果<u>偏高</u>；高温炉如打开烟囱，会导致挥发分测定结果<u>偏高</u>。

97. 测定灰分时的灼烧温度偏低，会导致灰分测定结果<u>偏高</u>；挥发分测定时加热温度偏低，会导致挥发分测定结果<u>偏低</u>；发热量测定时，内筒水量减少，导致发热量测定结果<u>偏高</u>；热容量标定时，内筒水量减少，导致热容量标定结果<u>偏低</u>。

98. 三节炉法测定碳氢时用<u>铬酸铅</u>脱除硫的干扰，用<u>银丝卷</u>脱除氯的干扰。二节炉用<u>高锰酸银热解产物</u>消除硫、氯的干扰。

99. 按 GB/T 214—2007《煤中全硫的测定方法》，测定全硫的高温燃烧法试验装置中，吸附瓶中加入的吸收液是<u>3%过氧化氢溶液</u>，测定碳氢的二节炉法试验装置中，吸收二氧化碳 U 形管内的充填物是<u>碱石棉</u>。

100. 发热量测定的重复性限为<u>空气干燥基高位发热量 $Q_{gr,ad}=120J/g$</u>，再现性临界差为<u>干燥基高位发热量 $Q_{gr,d}=300J/g$</u>。

101. 煤灰熔融性测定炉中的弱还原性气氛，主要由<u>CO（一氧化碳）</u>、<u>H_2（氢气）</u>及 CH_4（甲烷）组成。

102. 煤炭分类时，表示煤化程度的指标包括干燥无灰基挥发分<u>V_{daf}</u>、<u>干燥无灰基氢含量 H_{daf}</u>、<u>恒湿无灰基高位发热量 $Q_{gr,maf}$</u>和低煤阶煤透光率<u>PM</u>。表征煤工艺性能的指标有<u>烟煤的黏结指数 $G_{R,I}$</u>、<u>烟煤的胶质层最大厚度 Y</u>、<u>烟煤的奥阿膨胀度 b</u>。

103. GB/T 18666—2014《商品煤质量抽查和验收方法》规定验收时的最少采样基数目的是<u>防止验收时被采样批煤未全部包括出卖方发至买受方的煤量而使买受方抽取的样品代表性差而发生误判</u>。

104. 验收煤样应在煤炭抵达买受方之后，在<u>落地</u>之前采样，以免<u>煤炭落地之后被污染及采样中带入泥土而导致采样误差</u>，不直接从轮船载煤中采样的原因一是<u>因为表面采样的代表性太差</u>，二是<u>在船仓中分层采样比较困难，也危险</u>。

105. 煤灰熔融温度的高低，不仅取决于<u>煤灰的化学组成</u>，同时还与测定时样品所处的气氛环境有关。

106. 如已知某个方法多个实验室协同试验的实验室间测定结果的标准差为 s_r，则该方法的重复性限（95%概率下）计算公式为 $r=\sqrt{2}t_{0.05}S_r$ （r 为方法的重复性限，单位与试验结果一致；$t_{0.05}$ 为 95%概率下的 t 值）。

107. 恒温式量热仪冷却校正值的计算采用 瑞-方公式 和 GB/T 213—2008《煤的发热量测定方法》的公式，冷却常数的单位是 min^{-1} ，综合常数的单位是 K/min 。

108. 某化验员用艾士卡法测得某煤样的全硫 $S_{t,ad}$ 为 2.78%，硫铁矿硫 $S_{p,ad}$ 为 1.80%，空气干燥基灰分 A_{ad} 为 30.78%，煤样用缓慢灰化法灰化后，测得煤灰中三氧化硫为 5.50%，则煤中可燃硫（$S_{c,ad}$）为 2.10% ；煤中有机硫（$S_{o,ad}$）为 0.30% 。

109. 1 体积相对密度为 $1.84g/cm^3$ 的硫酸与 4 体积水混合后的硫酸溶液体积比浓度表示为 1+4 。2 份质量的氧化镁与 1 份质量无水碳酸钠混匀后组成的艾士卡试剂质量比浓度表示为 2+1 。

110. 某化验员测定煤的发热量时，总是忘了在氧弹内加 10mL 水，其测定值存在 正系统误差 。

111. 三节炉碳氢测定仪第二节炉燃烧管内填充物是 线状氧化铜 和铜丝卷，第三节炉燃烧管内填充物是 铬酸铅 、 铜丝卷 、 银丝卷 。

112. 碳氢氮测定仪由燃烧系统、 处理系统 、 检测系统 、控制系统组成。三节炉法测定煤中碳氢时，吸收系统中 吸水管 须做空白试验，直到连续两次空白测定值相差不超过 0.0010g 为止，取两次空白值的平均值作为当天的空白值。 除氮管、二氧化碳吸收管 须做恒重试验，最后一次质量变化不超过 0.0005g 为止。

113. 电量法测定煤中氢时，在电解池外壁加装冷却套的目的是 强制降低反应温度，减少氢氧化合程度 。

114. 从事燃料管理全流程闭环控制工作的主要管理人员应具备相关的 任职资格和经验，燃料计量、采制、化验工作人员必须 持证上岗 。

115. 燃料统计的基本要求是 及时 、 准确 、 全面 、 真实 。

116. 燃料管理是一项兼有 生产管理和经营管理 的工作，它包括 燃煤供应计划的编制、 燃煤成本的核算 、 燃煤数量和质量的验收 、 燃煤的合理储存 、 燃煤的盘点 和正确混配等。

117. 入厂入炉煤热值差是指 统计期入厂煤实际验收加权平均热值与入炉煤实际检测加权平均热值之间的正负差值 ，是一项日统计、月汇总、年累计，以 月度分析 为基础、 年度 为考核周期的火电企业燃料管理指标，其标准单位为 kJ/kg （千焦每千克）。

二、单选题

1. 工业分析实验中测定的空气干燥基煤样水分是 C 。

A. 存在于煤表面的水分；

B. 存在于煤毛细孔中的水分；

C. 煤样与周围空气湿度平衡时保留的水分；

D. 煤样与周围空气湿度平衡时失去的水分。

2. 下列四组数字修约（保留小数后两位）中，修约错误的是<u>　B　</u>。

A. 4.5280→4.53；　B. 4.5450→4.55；　C. 4.5349→4.53；　D. 4.5451→4.55。

3. 一煤样全硫测定值依次为2.55、2.68、2.65、2.54，则应按<u>　D　</u>式计算出平均值报出。

A. (2.55+2.54)/2；　B. (2.55+2.65+2.68+2.54)/4；

C. (2.65+2.68)/2；　D. (2.55+2.65+2.54)/3。

4. 下列不须作废的试验有<u>　C　</u>。

A. 快速灰化法测定某煤样灰分时，煤样着火发生爆燃；

B. 艾士卡法测定某煤样全硫时，灼烧物洗液中发现有未燃尽的煤粒漂浮；

C. 测定某煤样发热量后，观察到点火丝未完全燃烧；

D. 测定某煤样挥发分时，观察到坩埚口出现火花。

5. GB/T 212—2008《煤的工业分析方法》中规定的灰分测定方法B——快速灰化法的测定条件为<u>　A　</u>。

A. 815℃，40min；　B. 900℃，1h；　C. 815℃，1h；　D. 900℃，40min。

6. 实验中不可避免，也无法校正的误差是<u>　C　</u>。

A. 过失误差；　B. 系统误差；

C. 随机误差；　D. 过失误差和系统误差。

7. 下列元素中燃烧不会产生热量的元素是<u>　A　</u>。

A. 氧；　B. 碳；　C. 氢；　D. 硫。

8. 按GB/T 213—2008《煤的发热量测定方法》规定，标定热容量时一般重复标定5次，如5次标定结果超差，则可再标定<u>　A　</u>次。

A. 1；　B. 2；　C. 3；　D. 4。

9. 锅炉设计煤质及校核煤质中的挥发分指标用<u>　D　</u>表示。

A. 空气干燥基挥发分 V_{ad}；　B. 收到基分发分 V_{ar}；

C. 干燥基挥发分 V_{d}；　D. 干燥无灰基挥发分 V_{daf}。

10. 变质程度越深，煤中全水分及空气干燥基水分一般情况是<u>　B　</u>。

A. 两者均大；　B. 两者均小；

C. 全水分大，空气干燥基水分小；　D. 全水分小，空气干燥基水分大。

11. 受潮的硅胶可以在120℃下进行烘干，待其变<u>　C　</u>色后反复使用，直到破碎不能用为止。

A. 红；　B. 粉红；　C. 蓝；　D. 白。

12. 用万分之一克的分析天平称量1g样品时，正确记录数据应写成<u>　C　</u>g。

A. 1.0；　B. 1.000；　C. 1.0000；　D. 1。

13. 下列煤中最易氧化变质的煤种是<u>　B　</u>。

A. 贫煤；　　B. 褐煤；　　C. 无烟煤；　　D. 贫瘦煤。

14. 商品煤的存查煤样，从报出结果之日起，一般应保存<u>B</u>个月，以备复查。

A. 1；　　B. 2；　　C. 3；　　D. 6。

15. GB/T 211—2017《煤中全水分的测定方法》中规定的空气干燥法适用于<u>D</u>。

A. 烟煤、泥煤；　　B. 各种煤；　　C. 烟煤和褐煤；　　D. 烟煤（易氧化的煤除外）和无烟煤。

16. 煤中的干燥无灰基挥发分产率从大到小顺序正确的为<u>C</u>。

A. 无烟煤＞褐煤＞烟煤；　　B. 烟煤＞褐煤＞无烟煤；

C. 褐煤＞烟煤＞无烟煤；　　D. 无烟煤＞烟煤＞褐煤。

17. 煤的高位发热量和低位发热量的差别是<u>A</u>。

A. 水的汽化热；　　B. 水的蒸汽压；　　C. 硫酸生成热；　　D. 硝酸生成热。

18. 一批商品煤的标称最大粒度为<u>C</u>。

A. 该批煤炭中粒度最大的煤块直径；

B. 筛下物占总量接近5%的筛孔尺寸；

C. 筛上物占总量接近（但不大于）5%的筛孔尺寸；

D. 该批煤炭中粒度的平均直径。

19. 测定发热量用的氧弹应定期进行水压试验，水压试验压力为<u>A</u>。

A. 20MPa；　　B. 3.0MPa；　　C. 30MPa；　　D. 2.8MPa。

20. 假设用全硫表示的筛选煤采样精密度：$S_{t,d}<1.00\%$时，采样精密度$P=\pm0.12\%$，$S_{t,d}\geqslant1.00\%$时$P=\pm0.12\%\times S_{t,d}$。对于$S_{t,d}=2.00\%$的筛选煤，依据GB/T 18666—2014《商品煤质量抽查和验收方法》理论规定，则电厂与供煤商之间全硫的最大允许差应该为<u>B</u>，才符合规定。

A. 0.25%；　　B. 0.34%；　　C. 0.24%；　　D. 0.20%。

21. GB/T 213—2008《煤的发热量的测定方法》规定对于静态式热量计，当冷却常数分别为0.0030min^{-1}和0.0020min^{-1}时，一次发热量测定过程中（指主期）外筒温度变化不得超过<u>B</u>K。

A. 0.15和0.11；　　B. 0.11和0.16；　　C. 0.16和0.11；　　D. 0.12和0.15。

22. 发热量测定中，点火电压最低为<u>D</u>。

A. 220V；　　B. 110V；　　C. 24V；　　D. 12V。

23. 量热仪中螺旋桨式的搅拌器，在内外筒温度和室温一致时连续搅拌10min所产生的热量不应超过<u>D</u>。

A. 60J；　　B. 80J；　　C. 100J；　　D. 120J。

24. 煤的干燥无灰基挥发分（V_{daf}）与干燥无灰基高位发热量（$Q_{gr,daf}$）之间相互关系是<u>D</u>。

A. 正相关；　　B. 负相关；　　C. 不相关；　　D. 非线性相关。

25. 库仑定硫仪使用的热电偶材质是<u>C</u>。

A. 镍铬-镍硅；　　B. 镍铬-考铜；　　C. 铂铑10-铂；　　D. 镍铬-康铜。

26. 煤的挥发分是__C__。

A. 煤中挥发性有机物；

B. 煤样燃烧时释放的挥发性成分；

C. 煤样在规定条件下隔绝空气加热并进行水分校正后的质量损失；

D. 煤中固有的挥发性物质。

27. 用艾士卡法测定煤中全硫时需进行空白试验的目的是__C__。

A. 消除试验方法误差；　B. 消除人为误差；

C. 消除化学试剂和试验用水纯度误差；　D. 消除偶然误差。

28. 灰分测定时，煤样于马弗炉中加热到500℃后保温30min是为了__D__。

A. 使煤样慢慢氧化；　B. 使煤中碳酸盐充分分解；

C. 使煤中有机物烧尽；　D. 使煤中硫和硫化物氧化并逸出。

29. 常用于检测碳、氢测定装置可靠性的标准物质有__C__。

A. 碳酸钠；　B. 碳酸氢铵；　C. 蔗糖；　D. 醋酸。

30. 化验方差V_T与分析试验方法中规定的重复性限R的关系可表示为__B__。

A. $V_T=R^2/4$；　B. $V_T=R^2/8$；　C. $V_T=R^2/2$；　D. $V_T=R^2$。

31. 依据下列实测全硫的结果，试计算其平均值的置信范围是__C__（准确到小数点后两位）。$S_{t,ad}$（%）为1.88、1.89、1.90、1.88、1.86、1.84、1.89、1.87。

A. 1.88±0.03；　B. 1.88±0.01；　C. 1.88±0.02；　D. 1.88±0.04。

32. 恒温式量热仪内筒水量在所有试验中相差不超过__B__。

A. 0.4g；　B. 0.5g；　C. 1.0g；　D. 1.2g。

33. 绝热式量热仪的自动控温装置的灵敏度应能使点火前和终点后内筒温度保持稳定：5min内温度变化平均不超过__C__。

A. 0.0010K/min；　B. 0.0020K/min；　C. 0.0005K/min；　D. 0.0015K/min。

34. 煤的碳氢测定中，使用碱石棉是为了吸收__B__。

A. 二氧化硫；　B. 二氧化碳；　C. 二氧化氮；　D. 三氧化硫。

35. 煤的灰分是__A__。

A. 煤在规定条件下燃烧后的无机残渣；

B. 煤中矿物质；

C. 采煤时混入煤中的顶底板；

D. 煤中黄铁矿和石灰石高温氧化分解的产物

36. 下列对挥发分测定条件最恰当准确的表述是__C__。

A. 在（900±10)℃，隔绝空气加热7min。

B. 在不高于（900±10)℃，隔绝空气加热7min。

C. 在不高于（900±10)℃，隔绝空气加热不超过3min；在（900±10)℃，隔绝空气加热不少于4min。

D. 在不高于（900±10)℃，隔绝空气加热不超过4min；在（900±10)℃，隔绝空气加热不少于 3min。

37. GB/T 219—2008《煤灰熔融性的测定方法》规定，使用通气法产生弱还原气氛时，流经灰锥的气体线速度不低于_B_mm/min。

A. 350； B. 400； C. 450； D. 500。

38. 高温燃烧法测硫时，煤燃烧时煤中硫被氧化后得到的生成物是_B_。

A. SO_3（三氧化硫）；

B. SO_2（二氧化硫）$+SO_3$（三氧化硫）（少量）；

C. SO_2（二氧化硫）；

D. SO_3（三氧化硫）$+SO_2$（二氧化硫）（少量）。

39. 用精密酸度计测得某硫酸溶液的 pH 值为 5.263；用感量为 0.0001g 的天平称得某煤样 0.9980g，pH 值和煤样质量的有效数字位数分别是_C_。

A. 4 位和 4 位； B. 3 位和 3 位；

C. 3 位和 4 位； D. 4 位和 3 位。

40. 实验室化学试剂按纯度分为三个等级，AR 代表_B_。

A. 保证试剂； B. 分析试剂； C. 化学试剂。

41. 通常用于检验两组数的精密度是否一致的方法是_B_。

A. t 检验法； B. F 检验法； C. 相关性检验法； D. Q（Dixon）法。

42. 入炉煤粉样的检测结果可用于_C_。

A. 代表入炉原煤质量； B. 计算煤耗；

C. 监督制粉系统运行工况； D. 监督锅炉运行工况。

43. 电子天平是根据_D_设计并由微电脑控制的。

A. 重力原理； B. 浮力原理； C. 杠杆原理； D. 电磁力补偿原理。

44. 用 EDTA（乙二胺四乙酸）容量法测定氧化铁时，在控制 pH 为_B_的条件下，才能测准氧化铁的含量。

A. 1.2～1.5； B. 1.8～2.0； C. 2.5～3.0； D. 3.0～3.2。

45. 下面不属于煤的有机显微组分的是_D_。

A. 镜质组分； B. 丝炭化组分； C. 稳定组分； D. 氧化组。

46. 以下测定方法中不适用于褐煤的有_A_。

A. 哈德格罗夫法测定煤的可磨性指数；

B. 高温燃烧中和法测定煤中全硫；

C. 微波干燥法测定煤的全水分；

D. 通 CO 和 H_2 混合气体法测定煤灰熔融性。

47. 以下关于使用库仑滴定法测定煤中全硫操作错误的是_D_。

A. 测定前先进行干燥剂、电解液失效检查及气路系统检查；

B. 称样质量范围在 45～55mg；

C. 瓷舟内煤样应摊平，催化剂均匀覆盖；

D. 仪器参数正常后可直接进行样品测定。

48. 下列混合煤的煤质特性指标中不能由参与混配的各种煤的相应煤质特性指标按煤量加权平均计算的是_D_。

A. 碳；　　B. 挥发分；

C. 真相对密度；　　D. 煤灰熔融性特征温度。

49. 煤的恒压低位发热量与其恒容低位发热量之差_B_。

A. 大于 0；　　B. 小于 0；　　C. 等于 0；　　D. 大于或等于 0。

50. 高温燃烧中和法测定煤中全硫时，过氧化氢吸收液中发生的化学反应是_B_。

A. $SO_2+H_2O\rightarrow H_2SO_3$ 和 $SO_3+H_2O\rightarrow H_2SO_4$；

B. $SO_2+H_2O_2\rightarrow H_2SO_4$ 和 $SO_3+H_2O\rightarrow H_2SO_4$；

C. $SO_2+2NaOH\rightarrow Na_2SO_3+H_2O$ 和 $SO_3+2NaOH\rightarrow Na_2SO_4+H_2O$；

D. $SO_3+2NaOH\rightarrow Na_2SO_4+H_2O$；

E. $SO_2+2NaOH\rightarrow Na_2SO_3+H_2O$。

51. 库仑滴定法测煤中全硫时，未加冰乙酸的电解液中各组分的放电先后顺序正确的是_B_。

A. $I^->OH^->Br^->H_2O$；　　B. $OH^->I^->Br^->H_2O$；

C. $I^->Br^->H_2O>OH^-$；　　D. $OH^->I^->H_2O>Br^-$。

52. 重复测定是指同一实验室中，同一操作者，同一仪器对同一试样、于短期内进行的多次测定。下列理解错误的是_C_。

A. “同一实验室”旨在强调同一测试环境条件；

B. “同一仪器”旨在强调同一测试系统测试原理、测试方法；

C. 双控热量计的 A 桶和 B 桶测得的同一煤样发热量，不属于重复测定，因为量热系统不相同；

D. “短期”旨在强调时间间隔，表明不是在同一时间内。

53. 下列关于挥发分测定注意事项说法不正确的是_D_。

A. 定期校验热电偶和马弗炉恒温区；

B. 装煤样的坩埚放入马弗炉后，炉温应在 3min 内恢复，每次试验放同样数目的坩埚；

C. 总加热时间控制在 7min；

D. 坩埚盖子必须配合严密，否则试样氧化导致碳损失使挥发分偏低。

54. 下例是某化验员进行氧弹充氧过程的表述：首先往氧弹中加入 10mL 水，然后往氧弹中缓缓充入氧气，直至压力到 2.8～3.0MPa，充氧时间不得少于 15s；如果不小心充氧压力超过 3.2MPa，停止试验，放掉氧气后，重新充氧至 3.2MPa 以下；如果钢瓶中氧气压力降到 5.0MPa 以下时，充氧时间应酌量延长，压力降到 3.5MPa 以下时，应更换新的钢瓶氧气。上述不正确或有问题的表述多达_B_处。

A. 3；　　B. 2；　　C. 1；　　D. 4。

55. 热量计的内筒水量应使氧弹盖的顶面淹没在水面下_B_mm。

A. 5～10； B. 10～20； C. 20～30； D. 15～25。

56. 下列指标的测定结果只需要保留整数位的是<u>B</u>。

A. 软化温度 ST； B. 哈氏可磨性 HGI；

C. 全水分 M_t； D. 固定碳 FC。

57. DL/T 568—2013《燃料元素的快速分析方法》规定：碳氢氮（CHN）测定仪的炉试剂吸收的主要是<u>B</u>。

A. 水蒸气 H_2O（g）； B. 卤素、硫氧化物 SO_x；

C. 氮氧化物 NO_x； D. 二氧化碳 CO_2。

58. 在实验中，以下属于催化剂的是<u>A</u>。

A. 二节炉法测定煤中碳氢使用的三氧化钨；

B. 高温燃烧红外热导法测定碳氢氮用的锡纸；

C. 测定发热量时使用的酸洗石棉；

D. 测定灰熔融特征温度封入的碳物质。

59. 按照 GB/T 17068—2006《煤炭产品品种和等级划分》规定，原煤的技术要求是<u>C</u>。

A. 干基灰分 A_d 小于 50%；

B. 收到基低位发热量 $Q_{net,ar}$均不小于 14.60MJ/kg；

C. 干基灰分 A_d 小于 40%。

三、多选题

1. 库仑滴定法测定煤中全硫时，用标准煤样校准仪器的目的是<u>A D</u>。

A. 消除库仑仪器误差； B. 消除偶然误差；

C. 消除化学试剂和试验用水纯度误差； D. 消除试验方法误差。

2. 以下焦渣特性分类判断正确的是<u>B C</u>。

A. 黏着（2 型）：全部是粉末，没有相互黏着的颗粒；

B. 弱黏结（3 型）：用手指轻压即成小块；

C. 不熔融黏结（4 型）：以手指用力压才裂成小块，焦渣上表面无光泽，下表面稍有银白色光泽；

D. 膨胀熔融黏结（7 型）：焦渣上、下表面有银白色金属光泽，焦渣高度大于 15mm。

3. 某化验员先后 4 次对某一煤样进行重复测定，测定值依次为 24849J/g、24992J/g、25015J/g、24880J/g，则该煤样重复测定结果为<u>A C</u>J/g。

A. 24907； B. 25004； C. 24962； D. 24864。

4. 煤的内在水分与以下因素<u>A B C</u>有关。

A. 空气温度； B. 空气湿度； C. 煤变质程度； D. 全水分。

5. 发热量测定实验中，氧弹放气不出或充氧不进是什么原因造成的？<u>A C</u>

A. 止回阀密封圈老化； B. 氧弹盖处漏气；

C. 氧弹气路系统堵塞； D. 氧弹芯绝缘套处漏气。

6. 按照 GB/T 5751—2009《中国煤炭分类》，我国烟煤和褐煤划分的指标是 ABD 。

A. 透光率 P_M；　　B. 干燥无灰基挥发分 V_{daf}；

C. 干燥无灰基氢 H_{daf}；　　D. 恒湿无灰基高位发热量 $Q_{gr,maf}$。

7. 测定煤灰熔融性特征温度时，通气法规定的弱还原性气氛的组成是 BD ：

A. 体积分数为（40±10）%的氢气和（60±10）%二氧化碳混合气体；

B. 体积分数为（50±10）%的氢气和（50±10）%二氧化碳混合气体；

C. 体积分数为（40±10）%的一氧化碳和（60±10）%二氧化碳混合气体；

D. 体积分数为（60±5）%的一氧化碳和（40±5）%二氧化碳混合气体。

8. 按照 GB/T 5751—2009《中国煤炭分类》规定，表征烟煤工艺性能的指标是 ABD 。

A. 胶质层最大厚度 Y；　　B. 黏结指数 $G_{R.I}$；

C. 干燥无灰基挥发分 V_{daf}；　　D. 奥阿膨胀度 b。

9. 用库仑法测定煤中全硫含量，下列说法正确的是 BCD 。

A. 称取样品的质量为 0.0600g；

B. 测定时管式高温炉显示温度为 1145℃；

C. 仪器抽气的流量为 1000mL/min；

D. 电磁搅拌器转速约为 500r/min 且连续可调。

10. 需要进行定期计量检定的仪器、器具有 ABD 。

A. 酸式滴定管；　　B. 分析天平；　　C. 苯甲酸；　　D. 热电偶。

11. 下列哪些观点是正确的 BD

A. 热量计精密度要求：5 次苯甲酸测试结果的相对标准差不大于 0.02%；

B. 热量计准确度要求：标准煤样测试结果与标准值之差都在不确定度范围内；

C. 氧弹漏气，只要每分钟不大于 2 个气泡就可以使用；

D. 在测定某煤样发热量后，观察到弹筒液中有黑色的小颗粒，此次试验应作废。

12. 碳氢测定时二氧化碳吸收剂可以用 AD 。

A. 碱石灰；　　B. 无水氯化钙；　　C. 铬酸铅；　　D. 碱石棉。

13. 符合 GB/T 211—2017《煤中全水分的测定方法》规定的一步法测定全水分的煤样粒度和煤样质量为 BCD 。

A. 3mm，1.5kg；　　B. 13mm，3kg；　　C. 6mm，2kg；　　D. 6mm，1.3kg。

14. 通常用于检验一组数据有 1 个异常值的方法是 CD 。

A. t 检验法；　　B. F 检验法；　　C. Dixon 法；　　D. Grubbs 法。

15. 在测热中对易飞溅的煤样应采取 AC 措施。

A. 用已知热量的擦镜纸包紧试样；

B. 与已知质量和热值的标准煤样均匀混合；

C. 压成饼后，切成 2～4mm 小块使用；

D. 在燃烧皿底部垫一层经 800℃灼烧过的石棉绒，并压实。

16. 以物理吸附或吸着方式与煤结合的水分包括 CD 。

A. 结晶水； B. 化合水； C. 游离水； D. 外在水。

17. 我国标准按审批权限和作用范围可以分为 AB 。

A. 地方标准； B. 国家标准； C. 强制标准； D. 推荐性标准。

18. GB/T 476—2008《煤中碳和氢的测定方法》二节炉法测定煤中碳、氢时，可供选用的水分吸收剂是 A D 。

A. 无水氯化钙； B. 变色硅胶； C. 浓硫酸； D. 无水高氯酸镁。

19. 下述应作废的试验是 A C D 。

A. 测定某试样发热量后，观察到金属燃烧皿已燃烧一小半；

B. 测定某低质煤的发热量时，未扣除添加物擦镜纸的热量；

C. 测定挥发分后坩埚外壁观察到灰黑色附着物；

D. 测定高硫煤与低硫煤试样灰分时，同时放在同一马弗炉内灼烧。

20. 以下有关煤样或试样的叙述中，正确的是 A C 。

A. 全水分试样应装入不吸水不透气的密闭容器中；

B. 一般分析试验煤样是指破碎到粒度小于0.2mm，用于大多数物理和化学特性测定的试样；

C. 存查煤样一般在粒度小于3mm或小于1mm的煤样中分取，也可在粒度小于13mm的煤样中分取，其质量均应满足相关标准规定；

D. 煤样是指为确定煤的某些特性而从被采煤中采取的一部分煤。

21. 用缓慢灰化法测定煤的灰分后，煤灰中的硫称为 B C 。

A. 固定硫； B. 不可燃硫； C. 硫酸盐硫； D. 硫铁矿硫。

22. 下列测定结果不须作废的是 B C D ：

A. 因试样内在水分较低，未进行检查性干燥；

B. 用天平称量试样时，样品洒落到试验台面上；

C. 在同一实验室、由同一操作者，同时使用两台同一型号的仪器设备分别测定同一试样的发热量，两次结果未超过重复性限；

D. 自动热量计打印的弹筒发热量未扣除点火热。

23. 按照GB/T 17608—2006《煤炭产品品种和等级划分》规定，下列不属于煤炭产品的是 B D 。

A. 洗混煤； B. 泥炭； C. 低质原煤； D. 洗中煤。

24. 如果进厂商品煤（低煤阶煤）在某一时期长时间储存在露天煤场，煤质会发生变化，以下论述正确的是 A B C D ：

A. 发热量降低； B. 挥发分降低； C. 抗破碎强度降低； D. 氧含量增高。

25. 根据煤炭分析相关国标规定应定期进行恒温区测定的仪器设备有 A B C D ：

A. 库仑测硫仪； B. 马弗炉；

C. 干燥箱（测水分用）； D. 自动工业分析仪。

26. 煤中无机硫包括 A B C D 。

A. 硫化物硫； B. 硫铁矿硫； C. 硫酸盐硫；

D. 元素硫； E. 硫醇硫。

27. 下列试验中起催化、助燃作用的化学试剂或材料是 ABDE 。

A. 库仑滴定法测硫时的样品添加的三氧化钨粉；

B. 发热量测定时样品添加的苯甲酸；

C. 艾士卡法测硫时的样品添加的艾士试剂；

D. 按 DL/T 568—2013《燃料元素的快速分析方法》测定煤中碳氢氮时包装样品锡纸或锡舟、锡囊；

E. 二节炉法测定碳氢时的高锰酸银。

28. 煤中硫的来源是 ABCDE 。

A. 成煤植物的蛋白质；

B. 成煤过程中混入煤层的含硫矿物质；

C. 成煤泥炭沼泽的水中硫酸盐转化；

D. 游离状态的硫铁矿；

E. 开采时混入的硫铁矿。

29. 精密度可以用 ABC 表示。

A. 极差； B. 标准偏差； C. 相对标准偏差； D. 误差。

30. 空气干燥的目的是为了 ABD 。

A. 使煤样顺利通过破碎设备；

B. 使煤样顺利通过缩分设备；

C. 避免水分过大；

D. 避免分析试验过程中煤样水分发生变化。

31. 在测发热量时对燃烧不完全的煤样可采取 ABCD 措施。

A. 用已知热量的擦镜纸包紧试样；

B. 使用石英燃烧皿；

C. 提高充氧压力至 3.2MPa；

D. 在燃烧皿底部垫一层经 800℃灼烧过的石棉绒，并压实。

32. 按 GB/T 18666—2014《商品煤质量抽查和验收方法》规定，当买受方的检验值和出卖方的报告值不一致并发生争议时，先协商解决，如协商不一致，可用 AC 方法进行验收检验。

A. 双方共同采制化，并以共同检验结果进行验收；

B. 双方请具有相应资质的第三方公正检验，并以此检验结果进行验收；

C. 双方请共同认可的具有相应资质的第三方公正检验，并以此检验结果进行验收；

D. 如贸易合同约定以买受方或出卖方的检验结果进行结算，则以合同约定的那方检验结果为准。

33. 灰熔融性测定的高温炉需要满足 AC 条件。

A. 能加热到 1500℃以上；

B. 有足够的恒温带（各部位温差小于10℃）；

C. 按规定程序加热；

D. 炉内气氛可控制为还原性和氧化性。

34. 对碳氢氮的测定仪进行校准时，以下哪些物质可以作为校准物质<u> A B D </u>。

A. 乙二胺四乙酸；　　B. 乙二胺四乙酸和乙酰苯胺；

C. 苯丙氨酸和苯甲酸；　　D. 有证煤标准物质。

35. GB/T 30733—2014《煤中碳氢氮的测定　仪器法》碳氢氮的测定仪器法标定仪器曲线时，以下哪种说法正确<u> A C D </u>。

A. 采用多点标定时，可以用线性拟和方法拟和校准曲线，校准点数不少于6点；

B. 采用多点标定时，可以用二次曲线拟和方法拟和校准曲线，校准点数不少于6点；

C. 采用多点标定时，可以用二次曲线、乘方曲线拟和方法拟和校准曲线；

D. 采用多点标定时，可以用三次曲线拟和方法拟和校准曲线，校准点数不少于9点，每个校准点应重复测定4次。

36. 艾士卡法测定全硫时，如何得到较好的硫酸钡晶体沉淀<u> B C D E G </u>。

A. 微碱性溶液；　B. 微酸性溶液；　C. 搅拌；　D. 加热；

E. 慢加沉淀剂；　F. 快加沉淀剂；　G. 陈化；　H. 强酸性溶液。

37. GB/T 213—2008《煤的发热量测定方法》中静态恒温式量热计测定煤的发热量使用瑞方公式进行冷却校正的必要条件是<u> B C </u>：

A. 终点温度时内筒水温度比外筒高出1K左右；

B. 在一次测定中外筒水温度保持恒定（在±0.15K以内）；

C. 在一次测定中外筒水温度与室温之差保持在1.5K以内；

D. 点火前内筒水温度比外筒低约1K。

38. 关于煤样水分叙述正确的是<u> A B C D </u>。

A. 外在水分是煤样与周围空气湿度平衡时失去的水分；

B. 内在水分是指吸附或凝聚在煤颗粒内部毛细孔中的水；

C. 在实际测定中化合水是指除去全水分后仍保留下来的水分；

D. 全水分为内在水分与外在水分之和，即煤中所含全部游离水。

39. 挥发分测定要求<u>A C D</u>。

A. 两炉次重复测定；　　B. 所称样品质量为（1±0.001）g；

C. 要轻轻震动坩埚，使煤样摊平；　　D. 对褐煤、长焰煤等压饼。

40. 以下能作为仲裁方法测定相关项目的方法有<u> AD </u>。

A. 重量法测定煤中全硫；

B. 空气干燥法测定无烟煤空气干燥基水分；

C. 库仑滴定法测定煤中全硫；

D. 缓慢灰化法测定煤的灰分。

41. 煤灰熔融性测定中的弱还原性气氛是指<u> A B </u>。

A. 炉内放置石墨、无烟煤等材料；

B. 炉内气氛以一氧化碳（CO）、氢气（H_2）、甲烷（CH_4）、二氧化碳（CO_2）、氧气（O_2）等为主；

C. 实验室要保持弱还原性气氛；

D. 测定炉内不放置任何碳物质，开炉通空气。

42. GB/T 18666—2014《商品煤质量抽查和验收方法》规定对商品煤质量进行验收时，对采样地点的说法正确的有__A C__。

A. 煤样应从买受方收到的批煤中，在落地之前采取；

B. 煤样应从买受方收到的批煤中，在落地之前，在运输工具载煤中采取，也可以在卸煤过程中形成的煤堆上采取；

C. 煤样应从买受方收到的批煤中，在落地之前，在轮船卸煤用的皮带煤流中采取；

D. 在发生质量纠纷的情况下，应从单独堆放的煤堆中采取。

43. 以下关于 GB/T 18666—2014《商品煤质量抽查和验收方法》中规定的检验值说法错误的是__A C__。

A. 批煤划分为三个采样单元时，检验值为三个总样化验值的算术平均值；

B. 检验单位按国家标准方法对被检验批煤进行采样、制样和化验所得的煤炭质量指标值；

C. 被检验单位出具的被检验批煤的质量指标值；

D. 电厂按照国家标准方法对来煤进行采样、制样和化验所得的煤炭质量指标值。

44. 哈氏法测定可磨性指数适用于下列煤：__ABC__。

A. 中黏煤；　　B. 肥煤；　　C. 焦煤；　　D. 褐煤。

45. 测定哈氏可磨性指数时，所用到的标准筛有以下几种：__BEF__。

A. 0.02mm；　　B. 0.071mm；　　C. 0.73mm；

D. 1.65mm；　　E. 1.25mm；　　F. 0.63mm。

46. 测定哪一项煤质指标特性时需要将煤灰样磨制 0.1mm 以下__AC__。

A. 煤灰熔融性温度；　　B. 煤中各种形态硫的测定；

C. 煤灰成分分析；　　D. 艾士卡法测硫。

47. 以下哪些指标为煤中的非固有成分和组成__ABD__。

A. 灰分；　　B. 挥发分；　　C. 碳；　　D. 灰成分。

48. 下列应作废的试验有__AD__

A. 快速灰化法测定某煤样灰分时，煤样着火燃烧，烟囱冒黑烟；

B. 艾士卡法测定某煤样全硫时，称样量只有约 0.55g；

C. 测定煤灰融溶性加热升温过程中，观察到灰锥收缩、鼓泡；

D. 测定煤中全水分时烘箱排气孔未打开。

49. 下列应作废的试验有__ABD__。

A. 快速灰化法测定某煤样灰分时，煤样着火发生爆燃；

B. 艾士卡法测定某煤样全硫时，灼烧物洗液中发现有未烧尽的煤粒漂浮；

C. 测定某煤样发热量后，观察到点火丝未完全燃烧；

D. 测定某煤样挥发分时，观察到坩埚盖外表面上有灰黑色絮状物质；

E. 用两步法测定煤中全水分时使用粒度为小于 10mm 的试样。

50. 艾士卡法测定煤中全硫时，在滤液中加盐酸溶液使可溶性硫酸盐溶液 PH 为 2～3 呈微酸性，边搅拌边滴加足量氯化钡溶液形成了硫酸钡沉淀。继续进行<u>　BC　</u>实验有可能会造成测定结果偏低。

A. 再加入氯化钡溶液，使其过量 50%～100%；

B. 继续加入多量氯化钡溶液，使其过量 200%～300%；

C. 再加入过量盐酸，使 pH 值小于 1；

D. 加热使硫酸钡沉淀所在溶液处于微沸腾。

51. 测定全硫时，下列<u>　AD　</u>操作会造成测定结果产生正系统误差。

A. 用艾士卡法时，计算结果时忘记扣除空白值；

B. 用库仑法时，忘记在煤样上覆盖三氧化钨；

C. 用库仑法时，电解液未及时更换，pH 值小于 1；

D. 使用高温燃烧中和法时，用氢氧化钠标准溶液滴定吸收瓶溶液时，未控制好终点颜色，造成过滴定。

52. 根据 GB/T 213—2008《煤的发热量测定方法》规定在使用新型热量计时，需确定其热容量的有效工作范围，是以<u>　BD　</u>来绘制温升与热容量的关系图（Δt 为温度差；t_0 为点火温度；t_j 为外筒温度；t_n 为终点温度）。

A. Δt（t_0-t_j）为纵坐标；

B. Δt（t_n-t_0）为横坐标；

C. 热容量为横坐标；

D. 热容量为纵坐标。

53. <u>　BC　</u>是消除或补偿分析测试结果中系统误差的措施。

A. 多次重复试验取平均值；

B. 使用有证标准煤样做工作曲线；

C. 与经典标准方法或有证标准煤样进行对照，试样在测定结果中引入修正值或修正因子；

D. 不同仪器或不同实验室对比试验取平均值。

54. 以下关于标准物质（试剂）使用正确的有<u>　AC　</u>。

A. 使用基准试剂 EDTA 标定碳氢氮元素分析仪中的碳、氢、氮；

B. 使用有证标准煤样标定碳氢氮元素分析仪的中碳、氢、氮；

C. 使用有证标准煤样标定红外测硫仪；

D. 使用工作基准试剂苯甲酸标定热量计热容量。

55. 需要使用钢瓶装氧气的试验方法有<u>　ABD　</u>。

A. 红外法测定煤中全硫；

B. 煤的元素分析（二节炉法或三节炉法）；

C. 库仑滴定法测定全硫；

D. 高温燃烧中和法测定全硫；

E. 通气法测定煤灰熔融性。

56. 发生以下<u>AD</u>情况时，热量计的热容量应该重新标定。

A. 更换了测温传感器；　　B. 更换了坩埚；

C. 更换了内筒水；　　D. 热量计经过了较大搬动。

57. 对于某些灰熔融特征温度高的煤灰，在升温过程中会出现锥尖弯后变直，之后弯曲的现象，针对这种现象以下说法正确的是<u>B D</u>。

A. 第一次弯曲是由灰锥局部融化造成的；

B. 第一次弯曲是由灰分失去结晶水造成的；

C. 第一次弯曲时的温度应记为变形温度 DT；

D. 第二次弯曲时的温度应记为 DT。

58. 测定煤灰熔融性在 900℃以下时，炉子的升温速度可以为<u>CDE</u>℃。

A. 5；　　B. 10；　　C. 15；　　D. 18；

E. 20；　　F. 以上都不是。

59. 发热量和水分的关系，对同一种煤，下列说法正确的是<u>AD</u>。

A. 全水分 M_t 增高，收到基低位发热量 $Q_{net,ar}$降低；

B. 空气干燥基水分 M_{ad}增高，收到基低位发热量 $Q_{net,ar}$降低；

C. 空气干燥基水分 M_{ad}增高，收到基低位发热量 $Q_{net,ar}$增高；

D. 空气干燥基水分 M_{ad}增高，空气干燥基高位发热量 $Q_{gr,ad}$降低。

60. 以下叙述错误的是<u>ACD</u>。

A. 通氮干燥法测定煤的一般分析试验煤样水分，要求氮气流量以每小时换气 10 次为准；

B. 应用快速灰分测定仪法测定煤的灰分时，不需要检查性灼烧；

C. 快速灰化马弗炉法测定煤的灰分时，如遇到检查性灼烧时结果不稳定，应检查仪器，重新测定；

D. 煤中挥发分测定要求马弗炉的恒温区温度为（900±10)℃。

61. 库仑滴定法导致全硫测定结果偏低的原因可能有<u>AB</u>。

A. 异径管尾部断裂；　　B. 催化剂覆盖过厚；

C. 净化管未装填氢氧化钠；　　D. 电解池出来连接的硅胶失效。

62. 测定煤灰熔融性的热电偶的校准方法有<u>ACD</u>

A. 用标准热电偶；　　B. 用煤灰熔融性标准物质；

C. 定期观测金的熔点；　　D. 定期观测钯的熔点。

63. 关于三节炉法测定碳和氢，下列说法正确的是<u>BC</u>。

A. 三节炉炉温依氧气流的方向分别为 800、800℃和 600℃；

B. 燃烧管出口端露出部分温度大约为 70℃；

C. 检查气密性时，以 120mL/min 通氧气，然后关闭紧挨气泡计的 U 形管旋笳，浮子若降到 20mL/min 左右，则测定装置气密性合格；

D. 吸收二氧化碳和水的吸收管取下后，马上开始称量。

四、判断题

1. 煤中的全水分是指煤中全部的水分，包括内在水分、外在水分和结晶水。(×)

2. 系统误差的出现是有规律的，通常它具有正态分布规律。(×)

3. 在挥发分测定的 7min 时间内，需要让煤样在（900±10)℃至少保持 4min。(√)

4. 与氧气瓶连接的部件不得用油脂润滑，因为易引起燃烧和爆炸。(√)

5. 用库仑滴定法测定煤中全硫时，二氧化硫和三氧化硫都参加氧化还原反应。(×)

6. 挥发分并不是煤中唯一的可燃成分。(√)

7. 重复测定与平行测定含义相同。(×)

8. 煤中灰分来自煤中矿物质，它的组成或质量与煤中矿物质相同。(×)

9. 标准煤的收到基低位发热量为 25.27MJ/kg。(×)

10. GB/T 212—2008《煤的工业分析方法》规定煤中灰分的测定方法中，可作为仲裁分析的是缓慢灰化法。(√)

11. 使用量热标准物质苯甲酸需具备证书、批号及标准值。(√)

12. 在测热过程中，内外筒温度差保持恒定的热量计称为恒温式热量计。(×)

13. 氧弹漏气，只要每分钟不大于 5 个气泡就可以使用。(×)

14. 煤的变质程度越高，煤中碳含量也就越多。(√)

15. 用库仑滴定法测定煤中全硫时，二氧化硫和三氧化硫都参加氧化还原反应。(×)

16. 对热量计室内温度是有一定要求的，在一次测热过程中，其室温变化不得超过 1.5℃。(×)

17. 关于煤中全水分的测定，不同化验室的允许误差有明确规定。(×)

18. 高温炉使用温度不得超过规定的最高温度，且在此温度下使用时间不宜过长，否则会损坏炉膛。(√)

19. 标准煤样可以代替苯甲酸进行热容量的标定。(×)

20. 全水分等于内在水分和外在水分之和，计算时可以将它们直接相加。(×)

21. 测定煤的发热量时，氧弹燃烧试验结束后打开氧弹进行检查，如果坩埚内未发现有任何碳迹，则证明样品燃烧完全。(×)

22. 判断商品煤灰分单项质量指标的允许差时，GB/T 18666—2014《商品煤质量抽查和验收方法》规定的允许差为负数，并且是报告值与检验值差值的最小值。(√)

23. 测定煤灰熔融性时，要控制升温速度，在 900℃以前为 15～20℃/min，900℃以后为（5±1)℃/min，若升温太快，会造成结果偏低。(×)

24. 从弹筒发热量扣除硝酸生成热、硫酸生成热即得高位发热量。(×)

25. 每次发热量的测定中，点火热总是固定的。(×)

26. 两步法测定煤中全水分时，外在水分的测定应称取粒度小于 13mm 的煤样 500g（称准至 0.1g)，在 40℃的空气干燥箱内干燥到质量恒定。(×)

27. 煤样在高温和氧气流中充分燃烧，煤中的碳、氢和氮完全燃烧分别生成二氧化碳、

水和氮气。(×)

28. 热量计按照其控温方式可分为恒温式和绝热式。(×)

29. 测定发热量时，在开启氧气钢瓶总阀之前，应把减压阀按逆时针放松，将阀门完全打开。(×)

30. 有效数字是指有意义的数字，在分析工作中，就是指实际测量到的数字，包括估读的可疑数字。(√)

31. 质量指标允许差是指被检验单位对一批煤的某一质量指标的检验值和检验单位对同一批煤的同一质量指标的报告值的差值。(×)

32. 仪器法测定煤中的碳、氢和氮的含量时，仪器测定得到的是煤中的有机碳含量。(×)

33. GB/T 30733—2014《煤中碳氢氮的测定　仪器法》碳氢氮的测定仪器法选用多点标定仪器曲线时需选用多个校准物质。(×)

34. GB/T 30732—2014《煤的工业分析方法　仪器法》规定，测定水分和挥发分的试样可用同一份试样、在同一加热炉中连续测定。(×)

35. GB/T 18666—2014《商品煤质量抽查和验收方法》规定对商品煤质量进行验收时，所有煤均需检验全硫项目。(√)

36. GB/T 18666—2014《商品煤质量抽查和验收方法》，在商品煤验收时，以灰分计价者，干基灰分和干基高位发热量都合格，该批煤质量评为合格，否则该批煤质量评为不合格。(×)

37. 以发热量计价者，干基全硫和干基高位发热量都合格，该批煤质量评为合格，否则该批煤质量评为不合格。(√)

38. 煤的机械性质主要是指煤在机械力作用下所表现出来的各种性质，如硬度、脆度、可磨性等。(√)

39. 固定碳是测定煤的挥发分后的残余物。(×)

40. 煤的灰分（A_d）与发热量（$Q_{gr,d}$）存在正线性相关关系。(×)

41. 增加测定次数至无穷，可使系统误差趋近于0。(×)

42. 煤中氧元素与煤的变质程度密切相关，而煤中的氢元素则与煤的变质程度无明显联系。(×)

43. 微波干燥法测得的煤中水分包括外在水分、内在水分与结晶水三项，适用于测定烟煤和褐煤中全水分。(√)

44. 根据GB/T 213—2008《煤的发热量测定方法》，恒温式热量计终点温度是主期内第一个下降温度。但若终点时不能观察到温度下降（内筒温度低于或略高于外筒温度时），可以随后连续5min内温度读数增量（以1min间隔）的平均变化不超过0.001K/min时的温度为终点温度。绝热式热量计终点温度是连续三次读数极差不超过0.001K时的平均温度。(×)

45. 检测冶炼用精煤的灰分时，可不做检查性灼烧。(√)

46. 从煤的变质程度看，贫煤最靠近无烟煤，不黏煤最靠近褐煤。(×)

47. GB/T 213—2008《煤的发热量测定方法》既适用于褐煤、烟煤、无烟煤，也适用于泥炭、焦炭、天然焦、碳质页岩、油页岩等其他固体矿物燃料及水煤浆。(√)

48. 煤中全水分指煤中游离水，即以化学力吸附方式与煤结合的水。(×)

49. 按照空气干燥基准，煤的工业分析组成包括内在水分、灰分、挥发分和固定碳。(√)

50. 恒容高位发热量是试样中所有有机物在氧弹内过量氧气中完全燃烧后形成氮气、二氧化碳、二氧化硫、液态水等燃烧产物而矿物质形成固态灰时所放出的热量；它是试样中碳、氢、硫的燃烧热、水的（煤中原有的水和煤中氢燃烧生成的水）的气化热和矿物质化学反应热效应的综合。(√)

51. 按照 GB/T 476—2008《煤中碳和氢的测定方法》规定的煤中碳氢的测定方法，氢的测定值包括有机物中的氢和矿物质中的氢。(√)

52. 挥发分、固定碳和硫铁矿为煤中可燃成分，但不是煤中的固有组成。(×)

53. GB/T 483—2007《煤炭分析试验方法一般规定》规定，凡需要根据水分测定结果进行校正或换算的分析试验，应同时测定水分。如不能同时进行，两者测定也应在尽量短的期限内进行，最多不超过 5 天。(×)

54. 煤的真相对密度是指在 20℃时煤（不包括煤的孔隙）的质量与同体积水的质量之比。(√)

55. 煤中的全水分（M_t）指煤中内在水分（M_f）与外在水分（M_{inh}）总和，即 $M_t = M_f + M_{inh}$。(×)

56. 对于恒温式热量计，在末期量热体系温度下降的情况下，只要内筒温度下降速度达到恒定，取任一个温度读数作为终点温度都会得到相同的测定结果。(√)

57. 煤质检测质量控制的核心问题是精密度控制和正确度控制。其中精密度的统计检验常用 t 检验法，正确度的统计检验常用 F 检验法。(×)

58. 煤灰熔融性特征温度与测定时炉内气氛有关，同一样品弱还原性条件下测定值要高于氧化性气氛下的测定值。(×)

59. 氧气压力表和各连接部分如不慎沾污油脂，必须依次用酒精和苯清洗，并待风干后再用。(×)

60. 绝热式量热仪在测定煤的发热量试验结果计算时，要对热量计内筒实测温升值进行冷却校正。(×)

61. 测定煤中全硫的库仑滴定法不适用于测定煤灰中的硫。(×)

62. （1+4）的硫酸表示的是 1 体积相对密度为 1.84g/cm^3 的硫酸与 4 体积水混合成的硫酸溶液。(√)

63. 测定煤中灰分和挥发分时，可使用同一台马弗炉，只是在使用时的炉温控制高低上有区别。(×)

64. 根据煤化学理论，成煤作用过程包括泥炭化作用和变质作用两个阶段。(×)

65. 煤的发热量测定结果以兆焦每千克（MJ/kg）或焦耳每克（J/g）表示。(√)

66. GB/T 212—2008《煤的工业分析方法》中对焦渣特征为“不熔融黏结”的特征描述为用手指轻压即成小块，上表面无光泽，下表面有银白色金属光泽。(×)

67. 贫煤作为最高变质程度的烟煤，其很多性质和无烟煤较接近。(√)

68. GB/T 212—2008《煤的工业分析方法》规定煤的挥发分（V_{ad}）测定结果计算中不必扣除碳酸盐二氧化碳。(√)

69. 一般分析试验煤样是指破碎到粒度小于 0.2mm 并达到空气干燥状态，可用于所有煤的物理和化学特性测定的煤样。(×)

70. 对于高煤阶煤，用空气干燥法测定一般分析试样水分与通氮干燥法的测定结果具有统计学上的一致性。(√)

71. 从煤中元素平衡看，总碳元素含量（$C_{t,ad}$）应等于固定碳（FC_{ad}）和挥发分中碳（$C_{V,ad}$）之和即 $C_{t,ad}=FC_{ad}+C_{V,ad}$。(×)

72. 按照 GB/T 212—2008《煤的工业分析方法》规定，煤的挥发分（V_{ad}）中必须扣除碳酸盐二氧化碳。(×)

73. t 分布检验法是用来判断两组数据方差是否存在显著性差异的方法。(×)

74. 按照干燥无矿物质基准，煤的工业分析组成包括挥发分和固定碳。(√)

75. 按照 GB/T 213—2008《煤的发热量测定方法》规定，热量的法定计量单位名称为焦或千焦、兆焦，符号分别为 J、kJ、MJ，质量的法定计量单位名称为克或千克，符号为 g、kg，煤的发热量的法定计量单位名称为焦/克或千焦/千克、兆焦/千克，符号为 J/g 或 kJ/kg、MJ/kg。(×)

76. 在重复条件下，增加测定次数至无穷，测定平均值的误差肯定趋近于 0。(×)

77. 测定煤的发热量时，要求使用纯度为 99.5%氧气且不含可燃成分。由于电解制氧法所得氧气纯度可大于 99.6%，所以该方法所制得氧气可用于测定煤的发热量。(×)

78. 使用自动量热法测定煤的发热量进行试验结果计算时，不需要对热量计内筒实测温升值进行冷却校正。(×)

79. 根据 GB/T 5751—2009《中国煤炭分类》，煤的定义如下：煤主要是由植物遗体经成岩作用转化而成的富含碳的固体有机可燃沉积岩，含有一定量的矿物质，相应干基灰分产率不大于 50%。(×)

80. 煤中的氧元素与煤的变质程度密切相关，而煤中的硫元素则与煤的变质程度无明显联系。(√)

81. 已知某一般分析试验煤样弹筒发热量 $Q_{b,ad}$ 为 12000J/g，二等量热标准苯甲酸热值为 26450J/g。根据 GB/T 213—2008《煤的发热量测定方法》，分别称取 1.0000g 煤样与 0.5000g 苯甲酸进行热值试验，其硝酸形成热分别为 12J 和 20J，如将它们混在一起掺烧测定发热量则硝酸形成热为 32J。(×)

82. GB/T 212—2008《煤的工业分析方法》规定，测定褐煤和长焰煤挥发分时的试样应是一般分析试样预先用压饼机压成直径约 10mm 煤饼。(×)

83. 根据 GB/T 5751—2009《中国煤炭分类》及煤的特性，对于年轻煤如果其浮煤试样的干燥无灰基挥发分（V_{daf}）大于 37%，且其焦渣特征（CB）不小于 3，则可确定为烟煤，而不必测定透光率。(√)

84. 煤灰融熔性特征温度除了与煤灰组成有关外，还与测定时试样所在的气体成分有关。弱还原性气氛下所测结果最高。(×)

85. 煤中矿物质是存在煤中的无机物，不含游离水，但包括化合水。(√)

86. 全水分测定中外在水分的测定，可在温度不高于50℃的干燥箱中干燥，但在称量前必须将煤样在试验室大气中放置到与大气湿度平衡。(×)

87. 根据GB/T 5751—2009《中国煤炭分类》标准，V_{daf}>37%的煤为褐煤。(×)

88. 根据GB/T 18666—2014《商品煤质量抽查和验收方法》，当合同约定值或产品标准规定值为一数值范围时，全水分、灰分和全硫取约定值或规定值的上限值为被抽查单位报告值，发热量取下限值为报告值。(√)

89. 煤的发热量与其燃烧物的终点温度有关，终点温度越高则发热量越高。(×)

90. 电量-重量法测定煤中碳和氢的含量，其中碳含量采用电量法，氢含量采用重量法。(×)

91. 按行业标准DL/T 567.6—2016《火力发电厂燃料试验方法　第6部分：飞灰和炉渣可燃物测定方法》，飞灰和炉渣中硫的测定可采用硫酸钡质量法。(√)

92. 标定热量计的热容量时，若标准苯甲酸不进行预处理去除其吸收的水分，会使热容量标定结果偏低。(×)

93. 煤的发热量有高位与低位之分，是因为煤的状态或基准不同造成的。(×)

94. 洗选可以降低煤中硫含量，通过洗选排出的硫主要是不可燃硫。(×)

95. 三节炉测定煤中的碳和氢时，称量好的煤样为了防止吸水放入带干燥剂的干燥器中。(×)

96. 某自动量热仪在标定热容量过程中，控制内筒进水的装置失灵，使得进入内筒的水量减少很多。则此次标定结果偏高。(×)

97. 煤的内在水分多少与煤的内表面积有关，内表面积越大，内在水分越高。煤的变质程度越浅，表面积越大，内在水分也越高。(√)

98. 干燥无灰基氢含量（H_{daf}）是表征无烟煤煤化程度的指标之一。(√)

99. 根据GB/T 5751—2009《中国煤炭分类》标准，V_{daf}>37%的煤为褐煤。(×)

100. 煤的可磨性是指规定条件下在机械力作用下煤研磨成粉的难易程度，可磨性指数是煤的可磨性量度，它是一个无量纲的量。(√)

101. 煤泥并不属于低质煤的范畴，而应作为洗煤产品。(×)

102. 恒湿无灰基是指以假想含最高内在水分、无矿物质状态的煤为基准。(×)

103. 测定煤灰熔融性时，在弱还原性气氛中，氧化铁以氧化亚铁FeO的形式存在。随着FeO含量的增加，灰熔融温度逐渐降低；但当FeO含量增加到一定量时，灰熔融温度随FeO含量的增加而升高。(√)

104. GB/T 213—2008《煤的发热量测定方法》规定，测定热量时，若需测定弹筒硫，收集氧弹洗液时需要回收氧弹废气。(×)

105. 测量值有效数字的位数是根据测定方法和选用仪器的灵敏度确定的。(√)

106. 煤的内在水分只与空气湿度有关。（×）

107. 进行灰分测定时，从马弗炉炉中取出灰皿直接在空气中冷却至室温再称量，会使测定结果偏高。（√）

108. 煤的密度也随煤中矿物质含量的增高而增加。（√）

109. 煤的干燥无灰基高位发热量随着煤化程度的增加而增高。（×）

110. 根据现代煤化学理论，褐煤的形成没有经过变质作用阶段。（√）

111. “一般分析煤样”和“一般分析试验煤样”是同一含义的两种不同表示形式的术语，它们没有本质区别。（√）

112. 在植物形成泥炭的过程中，需要气候条件中存在大量的氧气和微生物。（×）

五、计算题

1. 已知某煤样空气干燥基水分 M_{ad} 为 1.68%，空气干燥基灰分 A_{ad} 为 23.76%，测挥发分时，坩埚重 m_g17.9765g，加煤样后重 m_m18.9849g，加热后重 m_r18.6923g，求煤样的干燥无灰基挥发分 V_{daf}。

解：煤样的质量为

$$m = m_m - m_g = 18.9849 - 17.9765 = 1.0084(\text{g})$$

煤样加热后减少的质量为

$$m_1 = m_m - m_r = 18.9849 - 18.6923 = 0.2926(\text{g})$$

煤样的空气干燥基挥发分为

$$\begin{aligned} V_{ad} &= (m_1/m) \times 100 - M_{ad} \\ &= (0.2926/1.0084) \times 100 - 1.68 \\ &= 29.02 - 1.68 \\ &= 27.34(\%) \end{aligned}$$

煤样的干燥无灰基挥发分为

$$\begin{aligned} V_{daf} &= V_{ad} \times 100/(100 - M_{ad} - A_{ad}) \\ &= 27.34 \times 100/(100 - 1.68 - 23.76) \\ &= 36.67(\%) \end{aligned}$$

答：煤样的干燥无灰基挥发分 V_{daf} 为 36.67%。

2. 已知某煤样收到基挥发分 V_{ar}=28.86%，全水分 M_t=12.1%，干燥基固定碳 FC_d=52.94%，计算煤样的干燥无灰基挥发分 V_{daf}？

解：干燥基挥发分为

$$V_d = V_{ar} \times [100/(100 - M_t)] = 28.86 \times [100/(100 - 12.1)] = 32.83(\%)$$

干燥基灰分为

$$A_d = 100 - FC_d - V_d = 100 - 52.94 - 32.83 = 14.23(\%)$$

干燥无灰基挥发分为

$$V_{daf} = V_d \times [100/(100 - A_d)] = 32.83 \times [100/(100 - 14.23)]$$

$$= 38.28(\%)$$

答：干燥无灰基挥发分 V_{daf} 为 38.28%。

3. 制样员将粒度小于 6mm 的全水分煤样装入容器中密封后称量质量 m_c 为 1400.0g，容器质量 m_r 为 150.0g，化验员收到煤样后称取容器和试样质量 m_h 为 1390.0g，用一步法测 M_t 时称取 10.000g 煤样（m），干燥后失重 m_1 为 1.060g。问装入容器时煤样全水分是多少？

解：煤样在运送过程中的水分损失百分率为

$$M_1 = (m_c - m_h)/(m_c - m_r) \times 100 = (1400.0 - 1390.0)/(1400.0 - 150.0) \times 100$$
$$= 0.8(\%) < 1.0\%$$

不考虑煤样在运送过程中的水分损失时测得的水分为

$$M_t = (m_1/m) \times 100 = (1.060/10.000) \times 100 = 10.6(\%)$$

根据 GB/T 211—2017《煤中全水分的测定方法》规定，由于煤样在运送过程中的水分损失为 0.8%（小于 1.0%），则煤样全水分可进行补正，补正后的全水分值即装入容器时煤样的全水分为

$$M_t = M_1 + [(100 - M_1)/100] \times M_t$$
$$= 0.8 + [(100 - 0.8)/100] \times 10.6$$
$$= 11.3(\%)$$

答：装入容器时煤样的全水分是 11.3%。

4. 某实验室收到粒度小于 6mm 的煤样，立即称煤样加密封器的质量 m_h 为 1950.2g，煤样标签上注明容器质量 m_b 为 200.5g，制样过程在小于 3mm 阶段经干燥处理干燥损失率为 6.0%，由于试验员临时有事未能及时做试验，12h 后再次称质量 m_2 为 1946.5g，测全水分时称 10.520g（m），在规定条件下干燥失重 0.860g（m_1），试计算全水分 M_t 是多少？

解：试验员测定的煤样全水分为

$$M_t = m_1/m \times 100 = 0.860/10.520 \times 100 = 8.2\ (\%)$$

因为煤样放置产生的水分损失为

$$M_1 = (m_h - m_2)/(m_h - m_b) \times 100$$
$$= (1950.2 - 1946.5)/(1950.2 - 200.5) \times 100 = 0.2\%$$

补正水分损失后的全水分为

$$M_t' = M_1 + M_t \times (100 - M_1)/100 = 0.2 + 8.2 \times (100 - 0.2)/100 = 8.4\%$$

由于制样过程的干燥处理是在小于 3mm 阶段，也就是取完全水分样品之后进行的，故干燥损失率不需要补正。

答：全水分为 8.4%。

5. 某试验室用干燥基全硫 $S_{t,d} = 1.33\%$ 的标准煤样对仪器进行标定。已知 3 次空气干燥基全硫测定结果为 $S_{t,ad} = 1.15\%$、$S_{t,ad} = 1.13\%$ 和 $S_{t,ad} = 1.18\%$，另外，同时测得空气干燥基水分 $M_{ad} = 2.28\%$。据此完成标定后，对某一样品进行测定，得到未经校正的 $S_{t,ad(wj)} = 1.08\%$，问这一样品的 $S_{t,ad}$ 实际值应为多少？

解：标准样品的空气干燥基全硫标准值为

$$S_{t,ad(bz)} = S_{t,d} \times [(100 - M_{ad})/100]$$
$$= 1.33 \times [(100 - 2.28)/100]$$
$$= 1.30(\%)$$

因为标定仪器时标准样品的 3 次空气干燥基全硫测定值为 $S_{t,ad}=1.15\%$、$S_{t,ad}=1.13\%$ 和 $S_{t,ad}=1.18\%$，均小于 1.50%。所以根据 GB/T 214—2007《煤中全硫的测定方法》其允许差 T 为 0.05（%），三次测定的允许差为 $1.2T=1.2\times0.05=0.06$（%）

标定仪器时标准样品的 3 次空气干燥基全硫测定值极差为

$$\text{最大值} - \text{最小值} = 1.18 - 1.13 = 0.05 < (1.2T = 0.06)(\%)$$

因此可以 3 次测定值的平均值为煤标准物质的硫测定值为

$$S_{t,ad(cd)} = (1.15 + 1.13 + 1.18)/3 = 1.15(\%)$$

样品的 $S_{t,ad}$实际值为

$$S_{t,ad(sj)} = S_{t,ad(wj)} \times [S_{t,ad(bz)}/S_{t,ad(cd)}]$$
$$= 1.08 \times (1.30/1.15)$$
$$= 1.22(\%)$$

答：这一样品的 $S_{t,ad}$实际值应为 1.22%。

6. 按 GB/T 212—2008《煤的工业分析方法》进行工业分析：

（1）空气干燥法测定某煤样的空气干燥水分原始记录如下：称量瓶质量 m_1 为 14.6002g，称量瓶加煤样总质量 m_2 为 15.6822g，在鼓风烘箱内于 107℃加热规定时间后称量瓶加煤样总质量 m_{31} 为 15.6500g，第一次检查性干燥后称量瓶加煤样总质量 m_{32} 为 15.6473g，经第二次检查性干燥后称量瓶加煤样总质量 m_{33} 为 15.6461g，经第三次检查性干燥后称量瓶加煤样总质量 m_{34} 为 15.6467g。根据以上条件计算该煤样的空气干燥水分 M_{ad}。

（2）该煤样挥发分测定原始记录如下：坩埚质量 m_4 为 19.7011g，坩埚加煤样总质量 m_5 为 20.7010g，在规定条件加热裂解后坩埚加煤样总质量为 m_6 为 20.4730g。试计算该煤样的空气干燥基挥发分 V_{ad}。

（3）该煤样灰分测定原始记录如下：灰皿质量 m_7 为 24.7001g，灰皿加煤样总质量 m_8 为 25.7010g，在规定条件灰化后灰皿加煤样总质量 m_{91} 为 24.9100g。第一次检查性干燥后称量瓶加煤样总质量 m_{92} 为 24.9088g，经第二次检查性干燥后称量瓶加煤样总质量 m_{93} 为 24.9094g。试计算该煤样的空气干燥基灰分 A_{ad}。

（4）已测定该煤样碳酸盐二氧化碳 $(CO_2)_{ad}$ 含量为 2.90%。试计算该煤样的干燥无灰基挥发分 V_{daf} 及干燥无灰基固定碳 FC_{daf}。

解：（1）煤样的空气干燥基水分：

第一次检查性干燥与第一次加热后相比，质量损失减少量为

$$m_{31} - m_{32} = 15.6500 - 15.6473 = 0.0027\text{g} > 0.0010(\text{g})$$

第二次检查性干燥与第一次检查性干燥相比，质量损失减少量为

$$m_{32} - m_{33} = 15.6473 - 15.6461 = 0.0012\text{g} > 0.0010(\text{g})$$

第三次检查性干燥与第二次检查性干燥相比，质量损失的增量为

$$m_{34}-m_{33}=15.6467-15.6461=0.0006(g)$$

根据 GB/T 212—2008《煤的工业分析方法》规定，水分测定进行的检查性干燥，直到连续两次干燥煤样的质量不超过 0.0010g 或质量增加时为止，后一种情况下，以质量增加前一次的质量为水分计算依据。综上所述，以 m_{33} 为水分计算依据。

煤样干燥后的质量损失 $\Delta m_1=m_2-m_{33}$，则

$$M_{ad}=\frac{\Delta m_1}{m}\times 100=\frac{m_2-m_{33}}{m_2-m_1}\times 100=\frac{15.6822-15.6461}{15.6822-14.6002}\times 100=3.34(\%)$$

（2）煤样的空气干燥基挥发分为

$$V_{ad}=\frac{\Delta m_2}{m}\times 100-M_{ad}=\frac{m_5-m_6}{m_5-m_4}\times 100-M_{ad}$$

$$=\frac{20.7010-20.4730}{20.7010-19.7011}\times 100-3.34=19.46(\%)$$

式中 Δm_2——挥发分测定中加热后煤样的质量损失。

（3）煤样的空气干燥基灰分：

第一次检查性灼烧与第一次加热后相比，质量损失减少量为

$$m_{91}-m_{92}=24.9100-24.9088=0.0012g>0.0010g$$

第二次检查性灼烧与第一次检查性灼烧后相比，质量损失增量为

$$m_{93}-m_{92}=24.9094-24.9088=0.0006g<0.0010g$$

根据 GB/T 212—2008 规定，灰分测定进行检查性灼烧，直到连续两次灼烧煤样的质量变化不超过 0.0010g，以最后一次灼烧后的质量为计算依据。综上所示，以 m_{93} 为灰分计算依据。

$$A_{ad}=\frac{\Delta m_3}{m}\times 100=\frac{m_{93}-m_7}{m_8-m_7}\times 100=\frac{24.9094-24.7001}{25.7010-24.7001}\times 100=20.91(\%)$$

式中 Δm_3——灰分实验中煤样灼烧后残留物的质量。

（4）煤样的干燥无灰基挥发分：根据 GB/T 212—2008 规定，当碳酸盐二氧化碳 $(CO_2)_{ad}=2.90\%>2.00\%$时，计算干燥无灰基挥发分 V_{daf}时，需按照下式校正计算，即

$$V_{daf}=\frac{V_{ad}-(CO_2)_{ad}}{100-M_{ad}-A_{ad}}\times 100=\frac{19.46-2.90}{100-3.34-20.91}\times 100=21.86(\%)$$

煤样的干燥无灰基固定碳：

$$FC_{daf}=100-V_{daf}=100-21.86=78.14(\%)$$

答：煤样的空气干燥基水分 M_{ad} 为 3.34%，空气干燥基挥发分 V_{ad} 为 19.46%，空气干燥基灰分 A_{ad} 为 20.91%，干燥无灰基挥发分 V_{daf} 为 21.86%，干燥无灰基固定碳 FC_{daf} 为 78.14%。

7. 某电厂对同一煤源的 8 批燃煤进行检测，灰分和发热量结果见表 3-1。

表 3-1　　8 批燃煤干燥基灰分和干燥基高位发热量检测结果

批次	1	2	3	4	5	6	7	8
干燥基灰分 A_d（%）	48.52	46.68	47.58	45.51	49.31	50.49	46.28	48.58
干燥基高位发热量 $Q_{gr,d}$（MJ/kg）	15.70	16.42	15.99	16.86	15.35	15.04	16.20	15.66

化验员对第 9 批燃煤进行检测时，发热量测定时添加了助燃物苯甲酸，在输入试验参数时忘记输入添加物苯甲酸质量，测得的弹筒发热量 $Q_{b,ad}$ 为 29359J/g，有关试验记录如下：

1）煤样质量 m：1.0051g；

2）标准苯甲酸热值 Q_1：26454J/g；

3）添加标准苯甲酸质量 m_1：0.5180g；

4）点火热 $q_2=60$J；

5）空气干燥基全硫 $S_{t,ad}=5.20\%$，空气干燥基水分 $M_{ad}=3.20\%$，空气干燥基灰分 $A_{ad}=44.70\%$。

根据上述试验数据和参数计算：

（1）根据 8 批灰分和发热量结果进行一元线性回归，得出该煤源的发热量和灰分的经验公式（相关系数临界值 $r_{0.05,6}=0.707$，相关系数临界值 $r_{0.05,8}=0.632$）；

（2）计算该煤样的实际弹筒发热量 $Q'_{b,ad}$ 以及煤样的干基高位发热量 $Q_{gr,d}$，结果以 MJ/kg 为单位报出；

（3）根据经验公式判断第 9 批燃煤的化验结果（在 95%概率下）。

解：（1）设一元线性回归关系式为 $Q_{gr,d}=a+bA_d$，a 为一元线性回归方程的截距，b 为一元线性回归方程的斜率，以实验数据中的 8 组 $Q_{gr,d}$ 数据为纵坐标 y，以实验数据中的 8 组 A_d 数据为横坐标 x，则

$$\text{纵坐标 } Q_{gr,d} \text{ 的平均值为 } \bar{y}=\frac{15.70+16.42+15.99+16.86+15.35+15.04+16.20+15.66}{8}$$

$$=15.90(\text{MJ/kg})$$

$$\text{横坐标 } A_d \text{ 的平均值为 } \bar{x}=\frac{48.52+46.68+47.58+45.51+49.31+50.49+46.28+48.58}{8}$$

$$=47.87(\%)$$

横坐标各参数与平均值的差值的平方和为

$$l_{xx}=\sum_{i=1}^{8}(x_i-\bar{x})^2$$

$$=(48.52-47.87)^2+(46.68-47.87)^2+(47.58-47.87)^2+(45.51-47.87)^2$$
$$+(49.31-47.87)^2+(50.49-47.87)^2+(46.28-47.87)^2+(46.59-47.87)^2$$
$$=0.65^2+(-1.19)^2+(-0.29)^2+(-2.36)^2+1.44^2+2.62^2$$
$$+(-1.59)^2+0.71^2=19.46$$

纵坐标各参数与平均值的差值的平方和为

$$l_{yy}=\sum_{i=1}^{8}(y_i-\bar{y})^2$$

$$=(15.70-15.90)^2+(16.42-15.90)^2+(15.99-15.90)^2$$
$$+(16.86-15.90)^2+(15.35-15.90)^2+(15.04-15.90)^2$$
$$+(16.20-15.90)^2+(15.66-15.90)^2$$

$$= (-0.20)^2 + 0.52^2 + 0.09^2 + 0.96^2 + (-0.55)^2 + (-0.86)^2 + 0.30^2 + (-0.24)^2 = 2.43$$

横纵坐标各参数与平均值差值的乘积和为

$$l_{xy} = \sum_{i=1}^{8}(y_i - \bar{y})(x_i - \bar{x})$$

$$= (15.70 - 15.90) \times (48.52 - 47.87) + (16.42 - 15.90) \times (46.68 - 47.87) + (15.99 - 15.90) \times (47.58 - 47.87) + (16.86 - 15.90) \times (45.51 - 47.87) + (15.35 - 15.90) \times (49.31 - 47.87) + (15.04 - 15.90) \times (50.49 - 47.87) + (16.20 - 15.90) \times (46.28 - 47.87) + (15.66 - 15.90) \times (46.59 - 47.87) = -6.733$$

得出一元线性回归方程的斜率为

$$b = \frac{l_{xy}}{l_{xx}} = \frac{-6.733}{19.46} = -0.346$$

由此得出一元线性回归方程的截距为

$$a = \bar{y} - b\bar{x} = 15.90 - (-0.346) \times 47.87 = 32.46$$

相关系数为

$$r = \frac{l_{xy}}{\sqrt{l_{xx}l_{yy}}} = \frac{-6.733}{\sqrt{19.46 \times 2.43}} = -0.979$$

经验公式应用在95%概率下，观测次数减2，即8－2＝6，因此相关系数临界值选用$r_{0.05,6}=0.707$。因为求得的经验公式的相关系数的绝对值$|r|=0.979>r_{0.05,6}$，所以$Q_{gr,d}$与A_d线性相关显著。

得到灰分和发热量的一元线性回归方程为

$$Q_{gr,d} = 32.46 - 0.346A_d$$

回归方程的估计方差为

$$s_y^2 = \frac{l_{yy} - bl_{xy}}{n-2} = \frac{2.43 - (-0.346) \times (-6.733)}{8-2} = 0.017$$

式中　n——观测次数。

剩余偏差为

$$S_y = \sqrt{s_y^2} = \sqrt{0.017} = 0.13(\text{MJ/kg})$$

答：发热量和灰分的经验公式：$Q_{gr,d} = 32.46 - 0.346A_d$。

（2）在第9批燃煤发热量检测中，添加物热值为

$$q_1 = m_1Q_1 = 0.5180 \times 26454 = 13703(\text{J})$$

对添加热校正后得到实际发热量为

$$Q'_{b,ad} = (Q_{b,ad} \times m - q_1)/m = (29359 \times 1.0051 - 13703)/1.0051 = 15726(\text{J/g}) \approx 15.73\text{MJ/kg}$$

氧弹内总释热量包括燃烧物燃烧热量和点火热，则

$$Q_Z = (Q_{b,ad} \times m + q_2)/m = (29359 \times 1.0051 + 60)/1.0051$$
$$= 29419(J/kg) = 29.419MJ/kg > 25.10MJ/kg$$

因此，根据 GB/T 213—2008《煤的发热量的测定方法》硝酸校正系数 $\alpha=0.0016$，当氧弹内总释热为 $Q_Z=29.419MJ/kg>14.60MJ/kg$ 时，可以用 $S_{t,ad}$ 代替弹筒硫 $S_{b,ad}$ 计算空气干燥基高位发热量，则

$$Q_{gr,ad} = Q'_{b,ad} - (94.1S_{b,ad} + \alpha Q_z)$$
$$= 15726 - (5.20 \times 94.1 + 0.0016 \times 29419) = 15190(J/g)$$

式中　94.1——空气干燥基煤样中每 1.00%硫的校正值，J/g。

干燥基高位发热量为

$$Q_{gr,d} = Q_{gr,ad} \times \frac{100}{100 - M_{ad}} = 15190 \times \frac{100}{100 - 3.20} = 15692(J/g) \approx 15.69MJ/kg$$

答：该煤样的实际弹筒发热量 $Q'_{b,ad}$ 为 15.73 MJ/kg，煤样的干基高位发热量 $Q_{gr,d}$ 为 15.69MJ/kg。

（3）第 9 批燃煤的干燥基灰分为

$$A_d = A_{ad} \times \frac{100}{100 - M_{ad}} = 44.70 \times \frac{100}{100 - 3.20} = 46.18(\%)$$

将干燥基灰分代入（1）中解出的回归方程计算第 9 批燃煤发热量预测值

$$Q'_{gr,d} = 32.46 - 0.346A_d = 32.46 - 0.346 \times 46.18 = 16.48(MJ/kg)$$

与（2）中解出的干基高位发热量检测值差为

$$d = 16.48 - 15.69 = 0.79(MJ/kg) > 2S_y = 0.26(MJ/kg)$$

说明测定结果与预测结果不符，存在明显偏高。

答：第 9 批燃煤化验结果可能存在问题，应检查样品、操作以及煤源是否发生变化。

8. 某电厂收到一批火车运煤共 $m=982t$，过衡后立即使用机械采样装置采样、制样，并将样品立即送所化验室分析，得到如下结果：全水分 $M_t=6.5\%$，空气干燥基水分 $M_{ad}=1.65\%$，空气干燥基灰分 $A_{ad}=25.68\%$，空气干燥基全硫 $S_{t,ad}=1.05\%$，空气干燥基氢 $H_{ad}=3.5\%$，收到基低位发热量 $Q_{net,ar}=21.74MJ/kg$。根据该机械采样装置性能试验报告，该装置使用过程中水分偏倚为 $M_1=-0.9\%$。该电厂要求对此样品全水分偏倚进行校正。试计算：

（1）进行水分校正后的全水分是多少？

（2）进行水分校正后的收到基低位发热量是多少？（结果以 MJ/kg 为单位报出）

（3）该批煤折标准煤为多少吨？

（4）该试样空气干燥基高位发热量是多少？（结果以 MJ/kg 为单位报出）

（5）如该煤样最高内在水分 MHC=18.0%，其恒湿基高位发热量和恒湿基无灰基高位发热量又是多少？（结果以 MJ/kg 为单位报出）

（6）干燥剂全硫（$S_{t,d}$）按合同约定应不大于 1.00%，按 GB/T 18666—2014《商品煤

质量抽查和验收方法》，该批煤全硫是否合格？

解：水分偏倚为负，说明水分有损失，将水分损失补正计算校正后全水分。

（1）水分损失绝对值 $|M_1|=0.9\%$，水分校正后的全水分为

$$M_t'=|M_1|+M_t\frac{100-|M_1|}{100}=0.9+6.5\times\frac{100-0.9}{100}=7.3(\%)$$

答：进行水分校正后的全水分为 7.3%。

（2）收到基低位发热量 $Q_{net,ar}=21.74MJ/kg=21740J/g$，水分校正后的收到基低位发热量为

$$Q_{net,ar}'=(Q_{net,ar}+23M_t)\times\frac{100-M_t'}{100-M_t}-23M_t'$$

$$=(21740+23\times6.5)\times\frac{100-7.3}{100-6.5}-23\times7.3$$

$$=21534(J/g)\approx21.53(MJ/kg)$$

答：进行水分校正后的收到基低位发热量为 21.53MJ/kg。

（3）根据 GB/T 3715—2007《煤质及煤分析有关术语》标准煤热值为 29.27MJ/kg，该批煤折成标准煤吨数为

$$m_b=982\times21.53/29.27=722.3(t)$$

答：该批煤折标准煤 722.3t。

（4）因为空气干燥基高位发热量与全水分大小无关，所以可以用进行水分校正前的收到基低位发热量 $Q_{net,ar}=21.74MJ/kg=21740J/g$ 计算，则

$$Q_{gr,ad}=(Q_{net,ar}+23M_t)\times\frac{100-M_{ad}}{100-M_t}+206H_{tad}$$

$$=(21740+23\times6.5)\times\frac{100-1.65}{100-6.5}+206\times3.50$$

$$=23746(J/g)\approx23.75MJ/kg$$

式中 23——对应于收到基煤每 1%水分的汽化热校正值（恒容），J/g；

206——对应于空气干燥基煤每 1%氢的汽化热校正值（恒容），J/g。

或也可以用进行水分校正后的收到基低位发热量，则

$Q_{net,ar}'=21534J/g$ 计算，则

$$Q_{gr,ad}'=(Q_{net,ar}'+23M_t')\times\frac{100-M_{ad}}{100-M_t'}+206H_{tad}$$

$$=(21534+23\times7.3)\times\frac{100-1.65}{100-7.3}+206\times3.50$$

$$=23746(J/g)\approx23.75MJ/kg$$

答：该试样空干基高位发热量是 23.75MJ/kg。

（5）恒湿基高位发热量为

$$Q_{gr,MHC}=Q_{gr,ad}\times\frac{100-MHC}{100-M_{ad}}=23746\times\frac{100-18.0}{100-1.65}$$

$$= 23746 \times 0.8338 = 19799(\mathrm{J/g}) \approx 19.80\mathrm{MJ/kg}$$

恒湿基无灰基高位发热量：

解法 1：

$$Q_{\mathrm{gr,maf}} = Q_{\mathrm{gr,MHC}} \times \frac{100}{100 - A_{\mathrm{ad}} \dfrac{100-\mathrm{MHC}}{100-M_{\mathrm{ad}}}}$$

$$= 19799 \times \frac{100}{100 - 25.68 \times \dfrac{100-18.0}{100-1.65}}$$

$$= 25192(\mathrm{J/g}) \approx 25.19\mathrm{MJ/kg}$$

解法 2：

$$Q_{\mathrm{gr,maf}} = Q_{\mathrm{gr,ad}} \times \frac{100(100-\mathrm{MHC})}{100(100-M_{\mathrm{ad}}) - A_{\mathrm{ad}}(100-\mathrm{MHC})}$$

$$= 23756 \times \frac{100-18.0}{100 \times (100-1.65) - 25.68 \times (100-18.0)}$$

$$= 25192(\mathrm{J/g}) \approx 25.19\mathrm{MJ/kg}$$

答：恒湿基高位发热量为 19.80MJ/kg，恒湿无灰基高位发热量为 25.19MJ/kg。

(6) 全硫验收的检验值也就是电厂化验的干燥基全硫，即

$$\mathrm{S_{t,d}} = \mathrm{S_{t,ad}} \times \frac{100}{100-M_{\mathrm{ad}}} = 1.05 \times \frac{100}{100-1.65} = 1.07(\%)$$

按 GB/T 18666—2014《商品煤质量抽查和验收方法》规定，当以合同约定值作为报告值进行指标评定时，全硫取合同约定值得上限值为报告值，即矿方报告值为 1.00%。以合同数据为依据验收且检验值全硫为 1.07%时，验收允许差为$-0.17 \times 1.07/\sqrt{2} = -0.13$ (%)

因为干燥基全硫($\mathrm{S_{t,d}}$)报告值－检验值 = 1.00－1.07 =－0.07(%) >－0.13(%)，所以验收合格。

答：批煤全硫验收合格。

9. 某新上岗化验员在计算恒温式热量计测定煤样弹筒发热量 $Q_{\mathrm{b,ad}}$时，把热容量 E= 12838J/K 误看作 E'=12538J/K 进行计算，其计算的发热量为 $Q'_{\mathrm{b,ad}}$=25380J/g。该化验员采用非熔断式点火法。试计算由于热容量值错误引起的发热量的误差是多少？已知点火丝在电流 I=1.5A、电压 U=3.6V 下通电时间 t=3s，棉线燃烧热值 q_{m}=17500J/g，点火棉线质量为 m_1=0.0034g。

解：本次试验点火热为通电热量与点火棉线热之和，即

$$q_2 = U \times I \times t + q_{\mathrm{m}} m_1 = 3.6 \times 1.5 \times 3 + 17500 \times 0.0034 = 76(\mathrm{J})$$

设本次试验称取试样质量为 Mg（克），看错的热容量 E'=12538J/K，计算实际温升值（冷却校正后）ΔT 为

$$\Delta T = \frac{Q'_{\mathrm{b,ad}} M + q_2}{E'} = \frac{25380M + 76}{12538}(\mathrm{K})$$

正确的热容量 E=12838J/K，进行点火热校正后的正确的热量为

$$Q_{b,ad}=\frac{E\Delta T-q_2}{M}$$
$$=\frac{12838\times\frac{25380M+76}{12538}-76}{M}$$
$$=\frac{25987M+78-76}{M}(J/g)$$

则按 GB/T 213—2008《煤的发热量测定方法》中 $M=$（1±0.10）g=（0.9～1.1）g，取质量范围中间值 $M=1.00$g，则

$$Q_{b,ad}=\frac{25987M+78-76}{M}$$
$$=\frac{25987\times1.00+78-76}{1.00}=25989(J/g)$$

发热量的误差为

$$Q'_{b,ad}-Q_{b,ad}=25380-25989=-609(J/g)$$

答：由于热容量值错误引起的发热量的误差是−609J/g。

10. 某火力发电厂测得入厂煤煤质结果：空气干燥基水分 $M_{ad}=2.00\%$，全水分 $M_t=6.5\%$，空气干燥基氢 $H_{ad}=3.00\%$，空气干燥基全硫 $S_{t,ad}=1.50\%$，空气干燥基弹筒发热量 $Q_{b,ad}=20072$J/g，空气干燥基灰分 $A_{ad}=30.00\%$。试计算：空气干燥基高位发热量 $Q_{gr,ad}$、收到基低位发热量 $Q_{net,ar}$、空气干燥基低位发热量 $Q_{net,ad}$、干燥无灰基低位发热量 $Q_{net,daf}$。以上结果以 MJ/kg 的单位报出。

解：根据 GB/T 213—2008《煤的发热量测定方法》，当 16.70MJ/kg$<Q_{b,ad}=20072$J/g$=$20.72MJ/kg$<$25.10MJ/kg 时，硝酸形成热校正系数 $\alpha=0.0012$；当 $S_{t,ad}=1.50\%<4.00\%$时，可以用空气干燥基全硫 $S_{t,ad}$代替弹筒硫 $S_{b,ad}$。

空气干燥基高位发热量为

$$Q_{gr,ad}=Q_{b,ad}-(94.1S_{b,ad}+\alpha Q_{b,ad})$$
$$=20072-(94.1\times1.50+0.0012\times20072)$$
$$=19907(J/g)$$
$$\approx19.91MJ/kg$$

收到基低位发热量为

$$Q_{net,ar}=(Q_{gr,ad}-206H_{ad})\times\frac{100-M_t}{100-M_{ad}}-23M_t$$
$$=(19907-206\times3.00)\times\frac{100-6.5}{100-2.0}-23\times6.5$$
$$=18254(J/g)$$
$$\approx18.25MJ/kg$$

空气干燥基低位发热量为

$$Q_{net,ad}=Q_{gr,ad}-206H_{ad}-23M_{ad}$$

$$= 19907 - 206 \times 3.00 - 23 \times 2.00$$
$$= 19243(J/g) \approx 19.24MJ/kg$$

干燥无灰基低位发热量为

$$Q_{net,daf} = (Q_{net,ad} + 23M_{ad}) \times \frac{100}{100 - A_{ad} - M_{ad}}$$
$$= (19243 + 23 \times 2.00) \times \frac{100}{100 - 30.00 - 2.00}$$
$$= 28366(J/g)$$
$$\approx 28.37MJ/kg$$

答：空气干燥基高位发热量 $Q_{gr,ad}$ 为 19.91MJ/kg，收到基低位发热量 $Q_{net,ar}$ 18.25MJ/kg，空气干燥基低位发热量 $Q_{net,ad}$ 为 19.24MJ/kg，干燥无灰基低位发热量 $Q_{net,daf}$ 为 28.37MJ/kg。

11. 某实验室采用 GB/T 213—2008《煤的发热量测定方法》中"恒温式量热法"测定煤的发热量，其中量热温度计采用已校准的精密数字式温度计，测定温差时，不必进行读数修正和平均分度值修正。试验记录如下：

煤样质量 $m = 1.0011g$；仪器热容量 $E = 9996J/K$；点火时内筒降温速度 $v_0 = -0.0040K/min$；终点时内筒降温速度 $v_n = 0.0030K/min$；点火时内筒温度 $t_0 = 21.474$℃，点火后 1min 40s 的温度为 $t_{1'40''} = 24.07$℃，点火后 7min 内筒温度 $t_7 = 24.401$℃，点火后 8min 时内筒温度 $t_8 = 24.399$℃，点火后 9min 时内筒温度 $t_9 = 24.397$℃；点火热 $q_1 = 59J$；试计算：

(1) 本次试验中的冷却校正值 C（采用 GB/T 213—2008《煤的发热量测定方法》中规定的冷却校正国标公式计算）。

(2) 煤样弹筒发热量 $Q_{b,ad}$ (J/g)。

解：(1) 以第一个下降温度为终点温度，$t_9 < t_8 < t_7$，因此 8min 时试验结束，试验时间 $n = 8min$，终点温度 $t_8 = 24.399$℃。

点火前内筒降温速度 $v_0 = -0.0040K/min$

终点时内筒降温速度 $v_8 = v_n = 0.0030K/min$

终点和点火时的温度差 $\Delta t = t_8 - t_0 = 24.399 - 21.474 = 2.925$（K 或℃）

1′40″与点火时的温度差为

$$\Delta t_{1'40''} = t_{1'40''} - t_0 = 24.07 - 21.474 = 2.596(K 或 ℃)$$

根据 GB/T 213—2008《煤的发热量测定方法》，当 $\frac{\Delta t}{\Delta t_{1'40''}} = \frac{2.925}{2.596} = 1.13 < 1.20$ 时，校正系数 $\alpha = \frac{\Delta}{\Delta_{1'40''}} - 0.1 = 2.925/2.596 - 0.10 = 1.03$ 。

冷却校正值 $C = (n - \alpha)v_8 + \alpha v_0 = (8 - 1.03) \times 0.0030 + 1.03 \times (-0.0040) = 0.0168(K)$

(2) 煤样的弹筒发热量为

$$Q_{b,ad} = \frac{E(\Delta t + C) - q_1}{m} = \frac{9996 \times (2.925 + 0.0168) - 59}{1.0011} = 29315(J/g)$$

答：冷却校正值 C 为 0.0168K，煤样弹筒发热量 $Q_{b,ad}$ 为 29315J/g。

12. 某实验室采用 GB/T 213—2008《煤的发热量测定方法》中“恒温式量热法”测定煤的发热量，其中量热温度计采用已校准的精密数字式温度计，测定温差时，不必进行读数修正和平均分度值修正。试验记录如下：

煤样质量 m=1.0011g；仪器热容量 E=9996J/K；仪器冷却常数 k=0.0024min^{-1}；仪器综合常数 A=−0.0002K/min；点火时内筒温度 t_0=21.474℃，外筒温度 t_j=23.05℃；点火后 1min 时内筒温度 t_1=23.92℃，2min 时内筒温度 t_2=24.14℃，点火后 7min 内筒温度 t_7=24.401℃，点火后 8min 时内筒温度 t_8=24.399℃，点火后 9min 时内筒温度 t_9=24.397℃；点火热 q_1=59J；煤中全硫 $S_{t,ad}$=4.65%。用氢氧化钡滴定法测弹筒洗液时，耗用氢氧化钡物质的量浓度为 $c_{[1/2Ba(OH)_2]}$=0.1000mol/L 的氢氧化钡标准溶液的体积为 V_1=35.10mL，耗用碳酸钠物质的量浓度为 $c_{[1/2Na_2CO_3]}$=0.1000mol/L 的碳酸钠标准溶液的体积为 V_2=20.00mL，耗用盐酸物质的量浓度为 $c_{[HCL]}$=0.1000mol/L 的盐酸标准溶液的体积为 V_3=13.50mL。试计算：

（1）本次试验中的冷却校正值 C；

（2）煤样弹筒发热量 $Q_{b,ad}$（J/g）；

（3）计算弹筒洗液中 H_2SO_4 和 HNO_3 的毫摩尔数（mmol）；

（4）高位发热量 $Q_{gr,ad}$（J/g）；

（5）如已知煤的全水分（M_t）为 9.00%，一般分析试样水分（M_{ad}）为 1.40%，干燥基氢（H_d）为 3.30%，试计算干燥基低位发热量 $Q_{net,d}$（MJ/kg）和收到基低位发热量 $Q_{net,ar}$（MJ/kg）（要求按 GB/T 483—2007《煤炭分析试验方法一般规定》将结果修约规则修约到 10MJ/kg 整数倍）。

解：（1）降温速度 v 与内外筒温差的关系式为

$$v = k(t - t_j) + A = 0.0024 \times (t - t_j) - 0.0002$$

式中 t——内筒温度；

t_j——外筒温度。

点火时内筒温度 t_0=21.474℃，以第一个下降温度为终点温度，$t_9 < t_8 < t_7$，8min 时试验结束，因此试验时间 n=8min，终点时内筒温度 t_8=24.399℃。

点火时内筒降温速度 $v_o = 0.0024 \times (t_0 - t_j) - 0.0002 = 0.0024 \times (21.474 - 23.05) - 0.0002 = -0.0040$(K/min)

终点时内筒降温速度 $v_8 = 0.0024 \times (t_8 - t_j) - 0.0002 = 0.0024 \times (24.399 - 23.05) - 0.0002 = 0.0030$(K/min)

终点时与点火时内筒温度差 $\Delta t = t_8 - t_0 = 24.399 - 21.474 = 2.925$(K 或 ℃)

根据内插法求得 1′40″时内筒温度为

$$t_{1'40''} = 24.14 - \left(2 - \frac{5}{3}\right) \times (24.14 - 23.92) = 24.07(℃)$$

式中 2——2min；

$\frac{5}{3}$——1′40″转换的分钟数。

1′40″与点火时内筒温度差 $\Delta t_{1'40''} = t_{1'40''} - t_0 = 24.07 - 21.474 = 2.596$(K 或℃)

根据 GB/T 213—2008《煤的发热量测定方法》，则

$$\frac{\Delta t}{\Delta t_{1'40''}} = \frac{2.925}{2.596} = 1.13 < 1.20 \text{ 时 } \alpha = \frac{\Delta t}{\Delta t_{1'40''}} - 0.1 = \frac{2.925}{2.596} - 0.10 = 1.03$$

冷却校正值 $C = (n-\alpha)v_n + \alpha v_0 = (8-1.03) \times 0.0030 + 1.03 \times (-0.0040) = 0.0168$(K)

（2）煤样的弹筒发热量 $Q_{b,ad} = \frac{E(\Delta t + C) - q_1}{m} - \frac{9996 \times (2.925 + 0.0168) - 59}{1.0011} = 29315$(J/g)

（3）弹筒洗液中硝酸含量 HNO_3(mmol) $= c_{[1/2Na_2CO_3]} \times V_2 - c_{[HCL]} \times V_3 = 0.1000 \times 20.00 - 0.1000 \times 13.5 = 0.65$(mmol)

弹筒洗液中硫酸含量 H_2SO_4(mmol) $= c_{[1/2Ba(OH)_2]} \times V_1/2 - HNO_3/2 = 0.1000 \times 35.10/2 - 0.65/2 = 1.43$(mmol)

（4）弹筒硫含量 $S_{b,ad}$(%) $= [1/2H_2SO_4]/m \times 1.6 = 2H_2SO_4/m \times 1.6 = 2 \times 1.43/1.0011 \times 1.6 = 4.57$(%)

式中　1.6——将每摩尔 $1/2H_2SO_4$ 转换为硫的质量分数的转换因子。

根据 GB/T 213—2008《煤的发热量测定方法》，当发热量 $Q_{b,ad} = 29315$J/g $= 29.315$MJ/kg>25.10MJ/kg 时，硝酸形成热校正系数 $\alpha = 0.0016$，总释热大于 14.60MJ/kg 时，可以用空气干燥基全硫 $S_{t,ad}$代替弹筒硫 $S_{b,ad}$，则

$$Q_{gr,ad} = Q_{b,ad} - (94.1S_{b,ad} + \alpha Q_{b,ad})$$
$$= 29315 - (94.1 \times 4.57 + 0.0016 \times 29315) = 28838\text{(J/g)}$$

（5）干燥基低位发热量为

$$Q_{net,d} = Q_{gr,ad} \times \frac{100}{100 - M_{ad}} - 206H_d$$
$$= 28838 \times \frac{100}{100 - 1.40} - 206 \times 3.30$$
$$= 28568\text{(J/g)} \approx 28.57\text{MJ/kg}$$

空气干燥基氢为

$$H_{ad} = H_d \times \frac{100 - M_{ad}}{100} = 3.30 \times \frac{100 - 1.40}{100} = 3.25(\%)$$

收到基低位发热量为

$$Q_{net,ar} = (Q_{gr,ad} - 206H_{ad}) \times \frac{100 - M_t}{100 - M_{ad}} - 23M_t$$
$$= (28838 - 206 \times 3.25) \times \frac{100 - 9.00}{100 - 1.40} - 23 \times 9.00$$
$$= 25790\text{(J/g)} = 25.79\text{MJ/kg}$$

答：试验中的冷却校正值C为0.0168K，煤样弹筒发热量$Q_{b,ad}$为29315J/g，弹筒洗液中H_2SO_4毫摩尔数为1.43mmol，HNO_3的毫摩尔数为0.65mmol，高位发热量$Q_{gr,ad}$为28838J/g，干燥基低位发热量$Q_{net,d}$为28.57MJ/kg，收到基低位发热量$Q_{net,ar}$为25.79MJ/kg。

13. 在进行全水分测定时，全水分样品标签标明煤样质量$m_{11}=2500$g，煤样的粒度为小于13mm。试验室实际称量煤样质量$m_{12}=2480$g。取全水分煤样$m_3=500$经干燥后质量$m_4=460$g，试计算该煤样的全水分是多少？

解：水分损失为

$$M_1=\frac{m_{11}-m_{12}}{m_{11}}\times 100=\frac{2500-2480}{2500}\times 100=0.8(\%)$$

实验室测得

$$M_t=\frac{m_3-m_4}{m_3}\times 100=\frac{500-460}{500}\times 100=8.0(\%)$$

因此进行水分损失补正后，该煤样的全水分值$M_t=M_1+\frac{100-M_1}{100}\times M_t=0.8+\frac{100-0.8}{100}\times 8.0=8.7(\%)$

答：该煤样的全水分为8.7%。

14. 水煤浆是煤粉、水及少量化学添加剂混合而成的煤基燃料。某实验室收到某供应商送来的密封瓶装水煤浆试样约$m=800$g。化验室立即按GB/T 212—2008《煤的工业分析方法》和GB/T 213—2008《煤的发热量测定方法》进行了水煤浆的发热量测定和水分测定。弹筒发热量重复测定平均值为$Q_{b,cwn}=19819$J/g，水煤浆试样的水分为$M_{cwn}=35.22\%$。另将剩余水煤浆试样干燥，使其达到空气干燥状态，按GB/T 212—2008《煤的工业分析方法》测得煤粉试样的空气干燥基水分为$M_{ad}=2.05\%$，空气干燥基灰分为$A_{ad}=8.78\%$，空气干燥基全硫为$S_{t,ad}=0.50\%$，空气干燥基氢为$H_{ad}=3.80\%$。试计算该水煤浆试样的恒容低位发热量、水煤浆恒容高位发热量和含水无灰基恒容高位发热量。

解：水煤浆的灰分为

$$A_{cwm}=A_{ad}\times\frac{100-M_{cwn}}{100-M_{ad}}$$

$$=8.78\times\frac{100-35.22}{100-2.05}=8.78\times 0.6614=5.81(\%)$$

水煤浆的全硫为

$$S_{t,cwm}=S_{t,ad}\times\frac{100-M_{cwn}}{100-M_{ad}}$$

$$=0.50\times\frac{100-35.22}{100-2.05}=0.50\times 0.6614=0.33(\%)$$

水煤浆的氢为

$$H_{cwm}=H_{ad}\times\frac{100-M_{cwn}}{100-M_{ad}}$$

$$= 3.80 \times \frac{100 - 35.22}{100 - 2.05} = 3.80 \times 0.6614 = 2.51(\%)$$

根据 GB/T 213—2008《煤的发热量测定方法》，当水煤浆弹筒发热量 16.70MJ/kg< $Q_{b,cwn}$ =19819J/g=19.819MJ/kg<25.10MJ/kg 时，硝酸校正系数 α=0.0012；当 $S_{t,cwm}$= 0.33（%）<4.00%时，可以用全硫 $S_{t,cwm}$代替弹筒硫 $S_{b,cwn}$。

水煤浆恒容高位发热量为

$$\begin{aligned} Q_{gr,v,cwm} &= Q_{b,cwn} - 94.1S_{b,cwn} - \alpha Q_{b,cwn} \\ &= 19819 - 94.1 \times 0.33 - 0.0012 \times 19819 \\ &= 19764(\mathrm{J/g}) \approx 19.76\mathrm{MJ/kg} \end{aligned}$$

水煤浆的恒容低位发热量为

$$\begin{aligned} Q_{net,v,cwm} &= Q_{gr,v,cwm} - 206H_{cwn} - 23M_{cwn} \\ &= 19764 - 206 \times 2.51 - 23 \times 35.22 \\ &= 18437(\mathrm{J/kg}) \approx 18.44\mathrm{MJ/kg} \end{aligned}$$

水煤浆含水无灰基恒容高位发热量为

$$\begin{aligned} Q_{gr,v,M,cwm} &= Q_{gr,v,cwm} \times \frac{100}{100 - A_{cwn}} \\ &= 19.76 \times \frac{100}{100 - 5.81} = 20.98(\mathrm{MJ/kg}) \end{aligned}$$

答：水煤浆试样的恒容低位发热量为 18.44MJ/kg，水煤浆恒容高位发热量为 19.76MJ/kg，含水无灰基恒容高位发热量为 20.98MJ/kg。

15. 某实验员对一有证煤炭标准物质进行灰分测定，水分测定结果：M_{ad1}=2.48%和 M_{ad2}= 2.52%；灰分测定结果：A_{ad1}=24.88%和 A_{ad2}=25.06%，该标准物质证书给出的灰分（A_{dB}）标准值为（25.45±0.15）（0.15 为标准值不确定度 U_{CRM}），试对该实验员的测定结果进行评定。

解：空气干燥基水分平均值为

$$M_{ad} = (M_{ad1} + M_{ad1})/2 = (2.48 + 2.52)/2 = 2.50(\%)$$

GB/T 212—2008《煤的工业分析方法》规定，空气干燥基灰分 A_{ad} 为 15.00%～30.00%时重复性限 r 为 0.30%，则

$$|A_{ad1} - A_{ad2}| = |24.88 - 25.06| = 0.18(\%) < 0.30\%$$

结果重复性限符合要求，精密度符合要求，可以以平均值为测定结果。

干燥基灰分测定值为

$$A_{d1} = A_{ad1} \times \frac{100}{100 - M_{ad}} = 24.88 \times \frac{100}{100 - 2.50} = 25.52(\%)$$

$$A_{d2} = A_{ad2} \times \frac{100}{100 - M_{ad}} = 25.06 \times \frac{100}{100 - 2.50} = 25.70(\%)$$

两次重复测定结果平均值为

$$\bar{A}_d = (A_{d1} + A_{d1})/2 = (25.52 + 25.70)/2 = 25.61(\%)$$

根据 GB/T 212—2008 规定的重复性限求得重复测定标准差为

$$s_r = \frac{r}{2 \times \sqrt{2}} = \frac{0.3}{2 \times 1.41} = 0.11$$

标样标准值的合成不确定度为

$$U_C = 2 \times \sqrt{\left(\frac{U_{CRM}}{2}\right)^2 + \frac{s_r^2}{n}} = 2 \times \sqrt{\left(\frac{0.15}{2}\right)^2 + \frac{0.11^2}{2}} = 0.22(\%)$$

式中　n——样品测定次数。

测定值平均值与标准值的差值 $D = \bar{A} - A_{dB} = 25.61 - 25.45 = 0.16(\%)$

$D < U_C$，准确度达到要求。

答：该实验员的标样测定结果合格。

16. 某化验员用库仑法测定煤中全硫百分含量时，使用煤标准物质对仪器进行检查，得到积分电流为 Q=1.770C，标定该仪器校正系数为 k=1.06，标煤样称样量为 m=50.3mg，标准值 $S_{t,dB}$及用户参考不确定度 U 为（0.70±0.03）%，其空气干燥基水分 M_{ad}=3.56%。试问该次检查是否合格？如果合格，通过计算证明；如果不合格，通过计算证明，并分析其可能产生的原因和排除方法。

解：测得 50.3mg 煤中硫含量为

$$S(mg) = 1000 \times Q \times 16 \times k/96500 = 1000 \times 1.770 \times 16 \times 1.06/96500 = 0.31(mg)$$

式中　96500——电解 1mol 任何基本物质消耗的电量；

16——消耗 1mol 基本电量对应的硫的摩尔数。

煤中空气干燥基全硫百分含量为

$$S_{t,ad}(\%) = 100 \times S/m = 0.31 \times 100/50.3 = 0.62(\%)$$

煤中干燥基全硫含量为

$$S_{t,d}(\%) = S_{t,ad} \times \frac{100}{100 - M_{ad}} = 0.62 \times \frac{100}{100 - 3.56} = 0.64(\%)$$

测定值与标准值的差值（%）$= S_{t,d} - S_{t,dB} = 0.70 - 0.64 = 0.06(\%) > 0.03\%$

因为测定结果超过标值不确定度范围，所以检查结果为不合格，该仪器测定结果偏低，可能产生的原因和排除方法如下：

（1）原因：电解液失效；

排除方法：重新配制。

（2）原因：指示电极污染；

排除方法：用洗液清洗或用酒精灯烧红。

（3）原因：连接硅橡胶管破裂；

排除方法：更换硅橡胶管。

（4）原因：石英管已老化有裂缝；

排除方法：更换石英管。

（5）原因：气路堵塞；

排除方法：检查影响流量减小原因。

（6）原因：电磁泵抽力负压太小；

排除方法：检测电磁泵皮碗。

（7）原因：进样不到位；

排除方法：检查进样是否到位。

（8）原因：校正系数偏低；

排除方法：重新标定校正系数。

17. 某化验员对某台热量计进行热容量标定，五次标定值 E 见表 3-2。

表 3-2　　热容量标定数据　　J/K

标定序号	1	2	3	4	5
标定值 E	10028	10059	10070	10045	10052

根据 GB/T 213—2008《煤的发热量测定方法》判断标定结果是否符合要求？

解：五次测定的热容量的平均值为

$$\overline{E} = (10028 + 10059 + 10070 + 10045 + 10052)/5 = 10051(\mathrm{J/K})$$

五次热容量测定的标准差为

$$S=\sqrt{\frac{\sum x_i^2 - \frac{(\sum x_i)^2}{n}}{n-1}} = \sqrt{\frac{10028^2 + 10059^2 + 10070^2 + 10045^2 + 10052^2 - \frac{(10028 + 10059 + 10070 + 10045 + 10052)^2}{5}}{5-1}} = 16(\mathrm{J/K})$$

相对标准偏差为

$$\mathrm{RSD}(\%) = S/\overline{E} \times 100 = 16/10051 \times 100 = 0.16(\%)$$

小于 GB/T 213—2008《煤的发热量测定方法》规定的相对标准偏差最大值 0.20%。

答：该结果符合要求。可以取五次标定结果的平均值 10051J/K 为标定结果。

18. 已知：某煤样的空气干燥基弹筒发热量 $Q_{b,ad}=21.20$MJ/kg，干燥基全硫 $S_{t,d}=1.58\%$，空气干燥基氢 $H_{ad}=2.50\%$，全水分 $M_t=5.80\%$，空气干燥基水分 $M_{ad}=1.50\%$，试计算煤样的干基高位发热量 $Q_{gr,d}$ 和收到基低位发热量 $Q_{net,ar}$ 各是多少（结果以 MJ/kg 为单位报出）。

解：空气干燥基全硫为

$$S_{t,ad} = S_{t,d} \times \frac{100 - M_{ad}}{100} = 1.58 \times \frac{100 - 1.50}{100} = 1.56(\%)$$

根据 GB/T 213—2008 规定，当发热量 $Q_{b,ad}=21.20$MJ/kg 介于 16.70～25.10MJ/kg 时，硝酸校正系数 $\alpha=0.0012$；当 $S_{t,ad}=1.56\%<4.00\%$时，可以用 $S_{t,ad}$ 代替弹筒硫 $S_{b,ad}$。

空气干燥基高位发热量为

$$\begin{aligned} Q_{gr,ad} &= Q_{b,ad} - (94.1 \times S_{b,ad} + \alpha \times Q_{b,ad}) \\ &= 21200 - (94.1 \times 1.56 + 0.0012 \times 21200) \\ &= 21028(\mathrm{J/g}) \end{aligned}$$

干基高位发热量为

$$Q_{gr,d}=Q_{gr,ad}\times\frac{100}{100-M_{ad}}=21028\times\frac{100}{100-1.50}=21348(J/g)\approx21.35MJ/kg$$

收到基低位发热量为

$$Q_{net,ar}=(Q_{gr,ad}-206H_{ad})\frac{100-M_t}{100-M_{ad}}-23M_t$$

$$=(21028-206\times2.50)\times\frac{100-5.80}{100-1.50}-23\times5.80$$

$$=19484(J/g)\approx19.84MJ/kg$$

答：煤样的干基高位发热量$Q_{gr,d}$为21.35MJ/kg，收到基低位发热量$Q_{net,ar}$为19.48MJ/kg。

19. 某电厂收到一批商品煤（原煤），矿方出具的检验报告与电厂验收时的检验报告一并列入表3-3。试判断该煤质量指标（干基高位发热量、干基全硫）是否合格（依照GB/T 18666—2014《商品煤质量抽查和验收方法》）。

表3-3　　矿方与厂方的检测结果

检验项目	厂方检验值	矿方报告值
全水分 M_t（%）	5.5	6.4
空气干燥基水分 M_{ad}（%）	2.22	2.48
收到基灰分 A_{ar}（%）	32.37	30.05
干燥无灰基挥发分 V_{daf}（%）	37.13	37.69
干基高位发热量 $Q_{gr,d}$（MJ/kg）	21.30	22.93
收到基全硫 $S_{t,ar}$（%）	1.33	1.24

解：题中说到以干基全硫进行评定，检验值和报告值的收到基全硫换算到干燥基全硫如下：

矿方全硫的报告值为

$$S_{t,d1}=S_{t,ar}\times\frac{100}{100-M_t}=1.24\times\frac{100}{100-6.4}=1.32(\%)$$

厂方全硫检验值为

$$S_{t,d2}=S_{t,ar}\times\frac{100}{100-M_t}=1.33\times\frac{100}{100-5.5}=1.41(\%)$$

根据GB/T 18666—2014《商品煤质量抽查和验收方法》可知，发热量质量指标允许差根据检验值的干基灰计算，因为检验值 $A_d=A_{ar}\times100/(100-M_t)=32.37\times100/(100-5.5)=34.25\%$，干基高位发热量允许差取 $T_{0,Q}=1.12MJ/kg$，检验值 $S_{t,d}=1.41\%$，所以干基全硫允许差取

$$T_{0,S}=-0.17S_{t,d}=-0.17\times1.41=-0.24(\%)$$

对干基发热量指标：报告值－检验值＝22.93－21.30＝1.63(MJ/kg)＞($T_{0,Q}$＝1.12MJ/kg)，因此发热量指标验收不合格。

对干基全硫指标：报告值－检验值＝1.32－1.41＝－0.09(%)＞($T_{0,S}$＝－0.24%)，因此单次指标全硫合格。

答：该批煤全硫指标合格，发热量指标不合格，故该批煤质量评为不合格。

20. 第三方检验机构受委托抽查某矿一批发电用洗混煤，该煤以合同约定值计价，有关抽查数据如下：

矿报合同值：全水分 $M_t=8.0\%$，收到基低位发热量 $Q_{net,ar}=20.55MJ/kg$，收到基氢 $H_{ar}=2.80\%$，收到基全硫 $S_{t,ar}=0.75\%$。

第三方检验值：干燥基高位发热量 $Q_{gr,d}=23.00MJ/kg$，干燥基全硫 $S_{t,d}=1.00\%$，干燥基灰分 $A_d=18.00\%$。试对该批煤质量进行评定。

解：矿报合同值为报告值，第三方检验值为检验值。

(1) 发热量（$Q_{gr,d}$）评定：矿报合同值的收到基低位发热量换算为干基高位发热量为

$$Q_{gr,ar}=Q_{net,ar}+0.206H_{ar}+0.023M_t$$

$$\begin{aligned}Q_{gr,d1}&=Q_{gr,ar}\times\frac{100}{100-M_t}\\&=(Q_{net,ar}+0.206H_{ar}+0.023M_t)\times\frac{100}{100-M_t}\\&=(20.55+0.206\times2.80+0.023\times8.0)\times\frac{100}{100-8.0}\\&=23.16(MJ/kg)\end{aligned}$$

因为第三方检验值的 $A_d=18.00\%$，根据 GB/T 18666—2014《商品煤质量抽查和验收方法》规定，发热量指标允许差为

$$T_{0,Q}=0.056\times18.00=1.01(MJ/kg)$$

当以合同值作为报告值进行单指标质量评定时，发热量指标允许差为

$$T'_{0,Q}=T_{0,Q}/\sqrt{2}=1.01/\sqrt{2}=0.71(MJ/kg)$$

报告值－检验值＝23.16－23.00＝0.16(MJ/kg)＜($T'_{0,Q}$＝0.71MJ/kg)，因此发热量合格。

(2) 全硫（$S_{t,d}$）评定：矿报合同值的收到基全硫量换算为干基全硫为

$$S_{t,d1}=S_{t,ar}\times\frac{100}{100-M_t}=0.75\times\frac{100}{100-8.0}=0.82(\%)$$

根据 GB/T 18666—2014《商品煤质量抽查和验收方法》规定，因为第三方检验 $S_{t,d2}=1.00\%$，所以 $T_{0,S}=-0.17\%$。

当以合同值作为报告值进行单指标质量评定时，全硫指标允许差为

$$T'_{0,S}=T_{0,S}/\sqrt{2}=-0.17/\sqrt{2}=-0.12(\%)$$

报告值－检验值＝0.82－1.00＝－0.18(%)＜($T'_{0,S}$＝－0.12%)，因此全硫不合格。

答：该批煤发热量评定合格，全硫评定不合格，所以该批煤质量不合格。

21. 根据以下给出的一煤样的试验数据试计算该煤样的全水分：

(1) 化验员称量收到的全水分煤样和容器的总质量 $m_{11}=3842.1g$，已知容器质量 $m_0=150.0g$，煤样标签上注明的煤样和容器总质量 $m_{12}=3895.5g$。

(2) 化验员用二步法测定全水，测定的 $M_f=7.8\%$，$M_{inh}=2.56\%$。

解：化验员测定的全水分为

$$M_{t1} = M_f + M_{inh} \times \frac{100 - M_f}{100} = 7.8 + 2.56 \times \frac{100 - 7.8}{100} = 10.2(\%)$$

在煤样运输过程中的损失为

$$M_{t2} = \frac{\Delta m}{m} \times 100 = \frac{m_{12} - m_{11}}{m_{12} - m_0} \times 100 = \frac{3895.5 - 3842.1}{3895.5 - 150.0} \times 100 = 1.4(\%)$$

因煤样损失大于1%，若煤样标签上注明“无煤样损失”，则煤样损失就是煤样的水分损失可以进行补正，即

$$M_t = M_{t2} + M_{t1} \times \frac{100 - M_{t2}}{100} = 1.4 + 10.2 \times \frac{100 - 1.4}{100} = 11.5(\%)$$

若煤样标签没有任何说明，因运输途中，煤样质量损失大于1%，则全水分不予补正，则 $M_t = M_{t1} = 10.2\%$作为化验室煤样的全水分，并注明“未经水分损失补正”，将容器标签和密封情况一起报告。

答：若煤样标签上注明“无煤样损失”，煤样的全水分为11.5%；若煤样标签没有任何说明，则全水分为10.2%。

22. 某化验室进行热容量标定，得出降温速度 v 与内外筒温差（$t-t_j$）的一元线性回归方程为 $v=0.002469$（$t-t_j$）$+0.0001005$，标定热容量时记录的具体数据：苯甲酸质量 $m=1.0035$g，苯甲酸的标准热值 $Q=26526$J/g，点火丝的点火热 $q_1=50$J，点火时内筒温度 $t_0=22.388$℃，1′40″时记录内筒温度 $t_{1'40''}=24.474$℃，终点时内筒温度 $t_8=25.071$℃，外筒温度 $t_j=24.05$℃。试计算本次标定热容量结果为多少。如果前4次热容量结果分别为9920、9889、9885J/K和9895J/K，试判断这5次标定是否合格。

解：点火时内筒的降温速度为

$$\begin{aligned} v_0 &= 0.002469(t_0 - t_j) + 0.0001005 \\ &= 0.002469 \times (22.388 - 24.05) + 0.0001005 \\ &= -0.0040(\mathrm{K/min}) \end{aligned}$$

终点时内筒的降温速度为

$$\begin{aligned} v_8 &= 0.002469(t_8 - t_j) + 0.0001005 \\ &= 0.002469 \times (25.071 - 24.05) + 0.0001005 \\ &= 0.0026(\mathrm{K/min}) \end{aligned}$$

根据GB/T 213—2008《煤的发热量测定方法》，则

$$\begin{aligned} \frac{\Delta}{\Delta_{1'40''}} &= \frac{t_8 - t_0}{t_{1'40''} - t_0} \\ &= \frac{25.071 - 22.388}{24.474 - 22.388} \\ &= 1.29 > 1.20 \text{ 时 } \alpha = 1.29 \end{aligned}$$

冷却校正值为

$$C = (n - \alpha)v_n + \alpha v_0 = (8 - 1.29) \times 0.0026 - 1.29 \times 0.0040 = 0.0123(\mathrm{K})$$

式中　n——总反应时间，min；

v_n——终点时内筒降温速度。

热容量测定时硝酸形成热校正值为

$$q_n = 0.0015 \times m \times Q$$

第五次测定的热容量为

$$\begin{aligned} E &= (Q \cdot m + q_1 + q_n)/(t_8 - t_0 + C) \\ &= (26526 \times 1.0035 + 50 + 26526 \times 1.0035 \times 0.0015)/(25.071 - 22.388 + 0.0123) \\ &= 9909(\text{J/K}) \end{aligned}$$

五次热容量测定的平均值为

$$\overline{E} = (9920 + 9889 + 9885 + 9895 + 9909)/5 = 9900(\text{J/K})$$

五次热容量测定的标准差为

$$S = \sqrt{\frac{\sum x_i^2 - \frac{(\sum x_i)^2}{n}}{n-1}}$$

$$= \sqrt{\frac{9920^2 + 9889^2 + 9885^2 + 9895^2 + 9909^2 - 1/5(9920 + 9889 + 9885 + 9895 + 9909)^2}{5-1}}$$

$$= 14.59(\text{J/K})$$

相对标准偏差为

$$RSD = \frac{S}{E} \times 100 = \frac{14.59}{9900} \times 100 = 0.15(\%)$$

小于 0.20%（GB/T 213—2008《煤的发热量测定方法》中规定的相对标准偏差最大值），所以标定合格。

答：第五次标定结果为 9909J/K，五次标定结果合格。

23. 某电厂化验员为了检验某型号的全自动恒温式热量计性能，试验结果见表 3-4。

表 3-4　　热容量标定检测数据

测定项目	第一次	第二次
热容量标定值 E（J/K）	10267	10278
	10279	10236
	10288	10232
	10304	10222
	10294	10243
1 号标样测定值 $Q_{gr,ad}$（J/g）	18489	18373
	18583	18402
2 号标样测定值 $Q_{gr,ad}$（J/g）	26700	26604
	26830	26700
	26750	—

已知：1 号标样标准值及不确定度为（18.81±0.15）MJ/kg，2 号标样标准值及不确

定度为（27.39±0.15）MJ/kg。两次测定仪器未经任何搬动，量热体系也没有任何改变，只是时间间隔月余，假设两次 1、2 号标样的空气干燥基水分相同，分别为 $M_{ad1}=2.20\%$，$M_{ad2}=2.83\%$。试问该仪器性能是否符合 GB/T 213—2008 要求。

解：(1) 第一次标定的热容量平均值为

$$\overline{E}_1=(10267+10279+10288+10304+10294)/5=10286\text{J/K}$$

第一次热容量的标准差为

$$S_1=\sqrt{\frac{\sum x_i^2-\frac{(\sum x_i)^2}{n}}{n-1}}$$

$$=\sqrt{\frac{10267^2+10279^2+10288^2+10304^2+10294^2-\frac{(10267+10279+10288+10304+10294)^2}{5}}{5-1}}$$

$$=14(\text{J/K})$$

第一次热容量相对标准差为

$RSD_1=S_1/\overline{E}_1\times100=14/10286\times100=0.14$（%），小于 0.20%（GB/T 213—2008《煤的发热量测定方法》中规定的相对标准偏差最大值），符合要求。

GB/T 213—2008《煤的发热量测定方法》中规定两次测定重复性限 T 为 120J/g。

第一次热容量标定后 1 号标样发热量测定结果的重复性为

18583−18489=94（J/g），小于 120J/g，符合要求。

重复测定平均值为测定结果，换算为干基高位发热量为

$$Q_{gr,d11}=Q_{gr,ad}\times\frac{100}{100-M_{ad1}}=(18583+18489)/2\times\frac{100}{100-2.20}$$

$$=18953(\text{J/g})$$

$$\approx18.95\text{MJ/kg}$$

1 号标样与标准值的误差为：18.95 − 18.81 = 0.14（MJ/kg），在不确定度范围 0.15MJ/kg 内，符合要求。

三次测定的重复性限为 $1.2T=1.2\times120=144(\text{J/g})$

第一次热容量标定后 2 号标样发热量测定结果的重复性：

26830−26700=130J/g，小于 144J/g，符合要求。取三次结果平均值为测定结果。

重复测定平均值换算为干基高位发热量为

$$Q_{gr,d21}=Q_{gr,ad}\times\frac{100}{100-M_{ad1}}(26830+26700+26750)/3\times\frac{100}{100-2.83}$$

$$=27539(\text{J/g})\approx27.54\text{MJ/kg}$$

2 号标样与标准值的误差为 27.54−27.39=0.15（MJ/kg），在不确定度范围 0.15MJ/kg 内，符合要求。

综上所述，热容量标结果精密度符合要求，标定后标样的发热量测定结果准确度符合要求，结论：第一次检验仪器性能符合 GB/T 213—2008《煤的发热量测定方法》要求。

（2）第二次热容量平均值为

$$\overline{E}_2 = (10278 + 10236 + 10232 + 10222 + 10243)/5 = 10242(\mathrm{J/K})$$

第二次热热容量的标准差为

$$S_2 = \sqrt{\frac{\sum x_i^2 - \frac{(\sum x_i)^2}{n}}{n-1}}$$

$$= \sqrt{\frac{10278^2 + 10236^2 + 10232^2 + 10222^2 + 10243^2 - \frac{(10278 + 10236 + 10232 + 10222 + 10243)^2}{5}}{5-1}}$$

$$= 21(\mathrm{J/K})$$

第二次热容量相对标准差为

$$\mathrm{RSD}_2 = S_2/\overline{E}_2 \times 100 = 21/10242 \times 100 = 0.21(\%)$$

大于 0.20%，不符合要求，热容量结果精密度不符合要求。

第二次热容量标定后 1 号标样重复性：18402－18373＝29（J/g），小于 120J/g，符合要求。

重复测定平均值转换为干基高位发热量为

$$Q_{\mathrm{gr,d12}} = Q_{\mathrm{gr,ad}} \times \frac{100}{100 - M_{\mathrm{ad1}}}$$

$$= (18373 + 18402)/2 \times \frac{100}{100 - 2.20}$$

$$= 18801(\mathrm{J/g}) \approx 18.80\mathrm{MJ/kg}$$

1 号标样与标准值的误差为 18.80－18.81＝－0.01（MJ/kg），在不确定度范围 0.15MJ/kg 内，符合要求。

2 号标样重复性：26700－26604＝96（J/g），小于 120J/g，符合要求。

重复测定平均值为

$$Q_{\mathrm{gr,d22}} = Q_{\mathrm{gr,ad}} \times \frac{100}{100 - M_{\mathrm{ad1}}}$$

$$= (26604 + 26700)/2 \times \frac{100}{100 - 2.83}$$

$$= 27428(\mathrm{J/g}) \approx 27.43\mathrm{MJ/kg}$$

误差为 27.43－27.39＝0.04（MJ/kg），在不确定度范围 0.15MJ/kg 内，符合要求。

结论：第二次用标样检验仪器性能符合 GB/T 213—2008 要求，但热容量标定不符合要求。

（3）两次热容量差值为 10286－10242＝44（J/K），相对标准差为 44/10286×100＝0.43（%）＞0.25%，不符合 GB/T 213—2008《煤的发热量测定方法》中规定的热容量稳定性要求。

答：该仪器短期稳定性较好，但长期稳定性差，在故障未排除前，该仪器如要使用，应缩短热容量标定周期。

24. 某火力发电厂锅炉燃烧选定干燥基全硫作为配煤的煤质参数，该厂锅炉及环保要求煤中的干基全硫不得超过 0.5%，现将甲、乙两种煤混配燃烧，已知甲煤干燥基全硫 $S_{t,d1}$ = 0.3%，乙煤干燥基全硫 $S_{t,d2}$ = 1.0%，试求其配比。

解：设甲煤的配比为 X_1，乙煤的配比为 X_2，则列出二元一次方程为

$$X_1 + X_2 = 1$$

$$X_1 \times S_{t,d1} + X_2 \times S_{t,d2} = 0.5$$

将 $S_{t,d1}$ = 0.3%和 $S_{t,d2}$ = 1.0%代入解得

$$X_1 = 0.7143 \qquad X_2 = 0.2857$$

答：混煤中甲煤占 71.43%、乙煤占 28.57%。

25. 某分析煤样空气干燥基硫酸盐硫含量为 $S_{s,ad}$ = 0.17%，空气干燥基有机硫含量为 $S_{0,ad}$ = 0.31%，空气干燥基硫化物硫含量为 $S_{p,ad}$ = 0.44%，元素硫忽略不计，该煤的空气干燥基水分为 M_{ad} = 1.42%，试求该煤的干燥基全硫 $S_{t,d}$ 含量。

解：空气干燥基全硫为

$$S_{t,ad} = S_{p,ad} + S_{0,ad} + S_{s,ad} = 0.44 + 0.31 + 0.17 = 0.92(\%)$$

干燥基全硫为

$$S_{t,d} = S_{t,ad} \times \frac{100}{100 - M_{ad}} = 0.92 \times \frac{100}{100 - 1.42} = 0.93(\%)$$

答：该煤的干燥基全硫含量为 0.93%。

26. 某电厂装机容量为 600MW，在额定负荷下运行，每天燃用煤量为 m_1 = 6960t，其收到基低位发热量 $Q_{net,ar}$ 为 20496J/g，该厂日用电量 W_z 为 7.5×10^5kW·h，问该厂的供电煤耗为多少？（已知标准煤热值 $Q_{net,arB}$ 为 29271J/g）

解：该厂标准煤量为

$$m_B = m_1 \times \frac{Q_{net,ar}}{Q_{net,arB}} = 6960 \times 20496/29271 = 4873(t) = 4873 \times 10^6(g)$$

当天发电量为

$$W = 600 \times 10^3 \times 24(\text{一天 24h}) = 1.44 \times 10^7(kW \cdot h)$$

因厂日用电量属于自用电量，不计入供电中。供电煤耗为

$$b = m_B \div (W - W_z) = (4873 \times 10^6) \div (1.44 \times 10^7 - 0.75 \times 10^7) \approx 357g/(kW \cdot h)$$

答：该厂的供电煤耗为 357g/（kW·h）。

27. 称取分析煤样 m_0 = 1.0000g 进行水分测定时，质量减少了 m_1 = 0.0161g。测挥发分时，坩埚重 m_{11} = 16.4765g，加煤样后重 m_{12} = 17.4849g，加热后重 m_{13} = 17.1923g，求煤样的干燥基挥发分 V_d。

解：

$$M_{ad} = \frac{m_1}{m_0} \times 100 = \frac{0.0161}{1.000} \times 100 = 1.61(\%)$$

$$V_{ad} = \frac{\Delta m}{m} \times 100 - M_{ad}$$

$$= \frac{m_{12} - m_{13}}{m_{12} - m_{11}} \times 100 - M_{ad}$$
$$= \frac{17.4849 - 17.1923}{17.4849 - 16.4765} \times 100 - 1.61$$
$$= 27.41(\%)$$

$$V_d = V_{ad} \times \frac{100}{100 - M_{ad}} = 27.41 \times 100/(100 - 1.61) = 27.86(\%)$$

答：煤样的干燥基挥发分 V_d 为 27.86%。

28. 某化验员用艾士卡法测得某试样的空气干燥基全硫（$S_{t,ad}$）为 2.88%，空气干燥基水分（M_{ad}）为 1.50%，空气干燥基灰分（A_{ad}）为 33.00%，空气干燥基硫铁矿硫（$S_{p,ad}$）为 1.50%。煤样用缓慢灰化法灰化后，测得煤灰中三氧化硫（SO_3）为 2.75%。假定煤中矿物质与灰分关系为 MM（矿物质含量）=1.10A（灰分）+0.50S_P（硫铁矿硫）。试计算该试样的干燥无矿物质有机硫。

解：在 SO_3 中，S 元素相对原子含量为 32，O 元素相对原子质量为 16，S 元素占 SO_3 相对分子质量的百分数为

$$M_s = 32/(32 + 16 \times 3) \times 100 = 40(\%)$$

试样中不燃硫($S_{ic,ad}$)或硫酸盐硫($S_{s,ad}$)=(SO_3)×A_{ad}×M_s=2.75×0.40×0.3300=0.36(%)

试样中有机硫($S_{o,ad}$)=$S_{t,ad}$−$S_{p,ad}$−$S_{s,ad}$=2.88−1.50−0.36=1.02(%)

矿物质含量 MM_{ad}=1.10A_{ad}+0.50$S_{p,ad}$=1.10×33.00+0.50×1.50=37.05(%)

因为干燥无矿物质基里没有矿物质，所以含有的硫只有有机硫，干燥无矿物质有机硫为

$$S_{o,dmmf} = S_{o,ad} \times \frac{100}{100 - MM_{ad} - M_{ad}} = 1.02 \times \frac{100}{100 - 37.05 - 1.50} = 1.66(\%)$$

答：试样的干燥无矿物质有机硫含量为 1.66%。

29. 某化验室新购两台热量计（由一台微型计算机控制），安装调试完毕后对其性能进行初步鉴定。按 GB/T 213—2008《煤的发热量测定方法》使用标准煤样同时测定高位发热量各 9 次，其测定结果见表 3-5。

表 3-5　　**两台热量计标准煤样检测结果**　　J/g

测定次数/设备号	1	2	3	4	5	6	7	8	9
1	25011	25064	25095	25087	25076	25033	25060	25130	25180
2	25073	25115	25042	25046	25066	25002	24980	24910	24881

标准煤样的标准值及扩展不确定度为（25.25±0.12）MJ/kg，扩展因子 k=2。

根据统计检验法，回答如下问题：

（1）在剔除水平 α=0.01，两组测定值中是否有离群值？

（2）两台仪器测定结果在 95%的置信概率下是否一致？

（3）假定允许偏倚的绝对值为标准方法再现性标准差的 2 倍。两台仪器测定结果的准确度（精密度和正确度）是否满足标准 GB/T 213—2008《煤的发热量测定方法》的要求？

（有关统计临界值：Grubbs 临界值 $T_{0.01,9}=2.387$；F 分布临界值 $F_{0.05,8,8}=3.44$；$F_{0.05,8,\infty}=1.94$；$F_{0.025,8,8}=4.43$；t 分布临界值 $t_{0.05,16}=2.120$。）

解：（1）测定值异常值检验：

第一台测定结果：

标准差为

$$S_1=\sqrt{\frac{\sum x_i^2-\frac{(\sum x_i)^2}{n}}{n-1}}$$

$$=\sqrt{\frac{25011^2+25064^2+25095^2+25087^2+25076^2+25033^2+25060^2+25130^2+25180^2-(25011+25064+25095+25087+25076+25033+25060+25130+25180)^2/9}{9-1}}$$

$=50.5$

$$\overline{Q_1}=(25011+25064+25095+25087+25076+25033+25060+25130+25180)/9=25082(\mathrm{J/g})$$

因为最大值与平均值偏离大，所以 Grubbs 计算值 $T_{n1}=|Q_{max}(最大值)-\overline{Q_1}|/S_1=|25180-25082|/50.5=1.941$。小于 $T_{0.01,9}=2.387$，无统计离群值剔除。

第二台测定结果：

标准差为

$$S_2=\sqrt{\frac{\sum x_i^2-\frac{(\sum x_i)^2}{n}}{n-1}}$$

$$=\sqrt{\frac{25073^2+25115^2+25042^2+25046^2+25066^2+25002^2+24980^2+24910^2+24881^2-(25073+25115+25042+25046+25066+25002+24980+24910+24881)^2/9}{8}}$$

$=77.4$

$$\overline{Q_2}=(25073+25115+25042+25046+25066+25002+24980+24910+24881)/9=25013(\mathrm{J/g})$$

因为最大值与平均值偏离大，所以 Grubbs 计算值 $T_{n2}=|Q_{min}(最小值)-\overline{Q_2}|/S_2=|24881-25013|/77.4=1.705$。小于 $T_{0.01,9}=2.387$，无统计离群值剔除。

答：在剔除水平 $\alpha=0.01$，两组测定值中没有离群值。

（2）测定结果一致性检验。

1）在 95%置信概率下的双边检验，应选用 $F_{0.975,8,8}=4.43$ 进行等精密度检验，则

$$F=S_2^2/S_1^2=77.4^2/50.5^2=2.349<F_{0.975,8,8}=4.43$$

两台热量计测定结果等精密度。

2）平均值检验。

两组测定值结合标准差为

$$S=\sqrt{\frac{S_1^2\times(n_1-1)+S_2^2\times(n_2-1)}{n_1+n_2-2}}=\sqrt{\frac{50.5^2\times(9-1)+77.4^2\times(9-1)}{9+9-2}}=65.3$$

$$t=\frac{\overline{Q_1}-\overline{Q_2}}{S\times(1/n_1+1/n_2)^{1/2}}=\frac{25082-25013}{65.3\times(1/9+1/9)^{1/2}}=2.242>t_{0.05,16}=2.120$$

式中　n_1、n_2——两组数据的观测次数。

两组平均值有显著性差异。

答：两台仪器测定结果在95%的置信概率下是不一致的。

（3）精密度和正确度检验。

1）精密度检验。因为是与标准方法精密度比较的单边检验，所以选用 $F_{0.05,8,\infty}=1.94$ 为参比值，发热量测定的重复性限 $r=120$J/g。

标准方法重复性标准差为

$$S_r=r/(2\sqrt{2})=120/2.83=42.4$$

第一台与标准方法的精密度比较 $F_1=S_1^2/S_r^2=50.5^2/42.4^2=1.419<F_{0.05,8,\infty}=1.94$，精密度合格。

第二台 $F_2=S_2^2/S_r^2=77.4^2/42.4^2=3.332>F_{0.05,8,\infty}=1.94$，精密度不合格。

答：第二台精密度不合格。

2）正确度检验。第二台精密度不合格，不再进行正确度检验。

发热量再现性临界差为 $R=300$J/g，标准方法再现性标准差 $S_R=R/(2\sqrt{2})$。

因为是多次测定，标准煤样的扩展不确定度不适用，所以对标样允许偏倚应为

$$2S_R=2R/2\sqrt{2}=2\times300/2.83=212(\text{J/g})\approx0.21\text{MJ/kg}$$

第一台仪器发热量测定平均值＝25082J/g≈25.08MJ/kg

第一台仪器偏倚估计值即与标煤的差值25.08－25.25＝－0.17MJ/kg，正确度合格。

答：第一台仪器准确度合格；第二台仪器精密度不合格，因而准确度不合格。

30. 已知煤中氢含量与工业分析和发热量存在着如下相关关系：

干燥无灰基氢含量 $H_{daf}=0.00117A_d$（干燥基灰分）$+0.57\times$（干燥无灰基挥发分）$(V_{daf})^{1/2}+0.1362\,Q_{gr,daf}$（干燥无灰基高位发热量，单位为MJ/kg）$-2.806$

某煤样测定结果如下：空气干燥基水分 $M_{ad}=1.15\%$，空气干燥基灰分 $A_{ad}=23.80\%$，空气干燥基挥发分 $V_{ad}=10.50\%$，空气干燥基高位发热量 $Q_{gr,ad}=26.32$MJ/kg，全水分 $M_t=6.80\%$，空气干燥基二氧化碳含量 $(CO_2)_{ad}=1.50\%$. 试计算干燥无灰基固定碳 FC_{daf}、其空气干燥基氢含量 H_{ad} 和空气干燥基低位发热量 $Q_{net,ad}$（MJ/kg）。

解：干燥基灰分为

$$A_d=\frac{100}{100-M_{ad}}\times A_{ad}=\frac{100}{100-1.15}\times23.80=24.08(\%)$$

因为空气干燥基二氧化碳含量 $(CO_2)_{ad}=1.50\%<2.00\%$，所以计算干燥无灰基挥发

分时不同予以补正。

干燥无灰基挥发分为

$$V_{daf}=\frac{100}{100-M_{ad}-A_{ad}}\times V_{ad}=\frac{100}{100-1.15-23.80}\times 10.50=13.99(\%)$$

（1）干燥无灰基固定碳为

$$FC_{daf}=100-V_{daf}=100-13.99=86.01(\%)$$

干燥无灰基高位发热量为

$$Q_{gr,daf}=\frac{100}{100-M_{ad}-A_{ad}}\times Q_{gr,ad}=\frac{100}{100-1.15-23.80}\times 26.32=35.07(MJ/kg)$$

干燥无灰基氢为

$$\begin{aligned}H_{daf}&=0.00117A_{d}+0.57\times(V_{daf})^{1/2}+0.1362\,Q_{gr,daf}-2.806\\&=0.00117\times 24.08+0.57\times(13.99)^{1/2}+0.1362\times 35.07-2.806=4.13(\%)\end{aligned}$$

（2）空气干燥基氢含量为

$$H_{ad}=H_{daf}\times\frac{100-M_{ad}-A_{ad}}{100}=4.13\times\frac{100-1.15-23.80}{100}=3.10(\%)$$

（3）空气干燥基低位发热量为

$$\begin{aligned}Q_{net,ad}&=Q_{gr,ad}-0.206H_{ad}-0.023M_{t}\\&=26.32-0.206\times 3.10-0.023\times 1.15=25.65(MJ/kg)\end{aligned}$$

答：干燥无灰基固定碳 FC_{daf} 为 86.01%、其空气干燥基氢含量 H_{ad} 为 3.10%、空气干燥基低位发热量 $Q_{net,ad}$ 为 25.65MJ/kg。

31. 测定发热量时内筒初始温度 $T_0=22.348$℃，10min 后 $t_0=22.368$℃，点火后 1′40″ 时的温度 $t_{1'40''}=24.474$℃，6min 时内筒温度 $t_6=25.272$℃，7min 时内筒温度 $t_7=25.275$℃，8min 时内筒温度 $t_8=25.275$℃，9min 时内筒温度 $t_9=25.272$℃，再过 10min 后，内筒温度 $T_n=25.244$℃，已知煤样的质量 $m=1.0036$g，该仪器的有效热容量 $E=9610$J/K，点火丝在 $I=1.5$A、$U=3.6$V 下通电时间 $t=3$s，棉线燃烧热值 $Q_m=17500$J/g，200 根棉线质量 $m_{200}=0.6738$g，空气干燥基水分 $M_{ad}=1.76\%$，全水分 $M_t=9.8\%$，干燥基全硫 $S_{t,d}=0.85\%$，空气干燥基氢含量 $H_{ad}=3.20\%$，计算干燥基高位发热量 $Q_{gr,d}$ 和收到基低位发热量 $Q_{net,ar}$（结果以 MJ/kg 为单位报出）。

解：点火前内筒降温速度为

$$v_0=\frac{T_0-t_0}{10}=\frac{22.348-22.368}{10}=-0.0020(K/min)$$

以第一个下降温度为发热量反应终点温度，因为 $t_7=t_8>t_9$，所以终点温度 $t_n=t_9$，终点时内筒降温速度为

$$v_n=\frac{t_n-T_n}{10}=\frac{25.272-25.244}{10}=0.0028(K/min)$$

反应时间 $n=9$min，终点与点火时内筒温度差为

$$\Delta=t_9-t_0=25.272-22.368=2.904(K)$$

$1'40''$与点火时内筒温度差为

$$\Delta_{1'40''}=t_{1'40''}-t_0=24.474-22.368=2.106(\mathrm{K})$$

根据 GB/T 213—2008《煤的发热量测定方法》规定，当

$$\frac{\Delta}{\Delta_{1'40''}}=\frac{2.904}{2.106}=1.379>1.20$$

则

$$\alpha=\frac{\Delta}{\Delta_{1'40''}}=\frac{2.904}{2.106}=1.379$$

冷却校正值为

$$C=(n-\alpha)v_n+\alpha v_0=(9-1.379)\times 0.0028-0.0020\times 1.379=0.0186(\mathrm{K})$$

点火热等于棉线热量和点火放出的热量，为

$$q_d=Q_m\times m_{200}/200+UIt=0.6738\times 17500/200+1.5\times 3.6\times 3=75.16(\mathrm{J})$$

$$Q_{b,ad}=\frac{E\times(\Delta+C)-q_d}{m}=\frac{9610\times(2.904+0.0186)-75.16}{1.0036}$$
$$=27911(\mathrm{J/g})$$

根据 GB/T 213—2008《煤的发热量测定方法》规定，当全硫含量小于 4%或 $Q_{b,ad}=27.91\mathrm{MJ/kg}$、大于 14.60MJ/kg 时，可以用空气干燥基全硫 $S_{t,ad}$ 代替 $S_{b,ad}$；当 $Q_{b,ad}=27.91\mathrm{MJ/kg}$ 大于 25.10MJ/kg 时，硝酸形成热校正系数 $\alpha=0.0016$。

空气干燥基全硫为

$$S_{t,ad}=S_{t,d}\times\frac{100-M_{ad}}{100}=0.85\times\frac{100-1.76}{100}=0.84(\%)$$

空气干燥基高位发热量为

$$Q_{gr,ad}=Q_{b,ad}-(94.1\times S_{t,ad}+\alpha\times Q_{b,ad})$$
$$=27911-(94.1\times 0.84+0.0016\times 27911)=27787(\mathrm{J/g})$$

干燥基高位发热量为

$$Q_{gr,d}=Q_{gr,ad}\times\frac{100}{100-M_{ad}}=27787\times\frac{100}{100-1.76}=28285(\mathrm{J/g})\approx 28.29\mathrm{MJ/kg}$$

收到基低位发热量为

$$Q_{net,ar}=(Q_{gr,ad}-206H_{ad})\times\frac{100-M_t}{100-M_{ad}}-23M_t$$
$$=(27787-206\times 3.20)\times\frac{100-9.8}{100-1.76}-23\times 9.0$$
$$=24701(\mathrm{J/g})\approx 24.70\mathrm{MJ/kg}$$

答：干燥基高位发热量 $Q_{gr,d}$ 为 28.29MJ/kg，收到基低位发热量 $Q_{net,ar}$ 为 24.70MJ/kg。

32. 某空气干燥基煤样，经分析得空气干燥基灰分 A_{ad} 为 6.67%，空气干燥基水分 M_{ad} 为 1.50%，并已知其外在水分含量 M_f 为 2.00%，试将空气干燥基灰分换算成收到基和干燥基灰分。

解：收到基灰分为

$$A_{ar}=A_{ad}\times\frac{100-M_f}{100}=6.67\times\frac{100-2.00}{100}=6.54(\%)$$

或先求出收到基全水分，即

$$M_{ar}=M_f+M_{ad}\frac{100-M_f}{100}$$

$$=2.00+1.50\times\frac{100-2.00}{100}=3.47(\%)$$

再求出收到基灰分，即

$$A_{ar}=A_{ad}\times\frac{100-M_{ar}}{100-M_{ad}}=6.67\times\frac{100-3.47}{100-1.50}=6.54(\%)$$

干燥基灰分为

$$A_d=\frac{100}{100-M_{ad}}\times A_{ad}=\frac{100}{100-1.50}\times 6.67=6.77(\%)$$

答：收到基灰分 A_{ar}为 6.54%，干燥基灰分 A_d 为 6.77%。

33. 某煤样用艾士卡法测定全硫，进行重复测定，第一个试样的质量 $m_1=1.004$g，硫酸钡重 $m_{11}=0.1103$g，第二个试样 $m_2=1.0002$，硫酸钡重 $m_{12}=0.1077$g，此煤样的空气干燥基水分 $M_{ad}=1.74\%$，求此煤样的干燥基全硫 $S_{t,d}$。

解：此题未提空白值，故可免去使用空白值。

第一个煤样的空气干燥基全硫为

$$S_{t,ad}=\frac{0.1374m_{11}}{m}\times 100=\frac{0.1374\times 0.1103}{1.0004}\times 100=1.51(\%)$$

式中　0.1374——由硫酸钡换算为硫的系数。

第二个煤样为

$$S_{t,ad}=\frac{0.1374m_{12}}{m_2}\times 100=\frac{0.1374\times 0.1077}{1.0002}\times 100=1.48(\%)$$

根据 GB/T 214—2008《煤中全硫的测定方法》用艾士卡法测硫时，当全硫含量两次结果平均值小于或等于 1.50%时，重复性限为 0.05%。两次测定结果的差值为 $1.51-1.48=0.03(\%)<0.05\%$，重复测定结果精密度符合要求。

两次结果的平均值 $\overline{S_{t,ad}}=(1.51+1.48)/2=1.50(\%)$

干燥基全硫 $S_{t,d}=\frac{100}{100-M_{ad}}\times\overline{S_{t,ad}}=\frac{100}{100-1.74}\times 1.50=1.53(\%)$

答：此煤样的 $S_{t,d}$为 1.53%。

34. 用一台热量计对一干燥基发热量标准值及不确定度 $Q_{gr,dB}=(31.93\pm 0.13)$ MJ/kg、干燥基全硫标准值 $S_{t,d}=0.89\%$的煤标准物质进行测定，测得标准物质的空气干燥基弹筒发热量值 $Q_{b,ad}=31692$J/g，空气干燥基水分值 $M_{ad}=1.26\%$。试判定该结果是否准确。

解：干燥基弹筒发热量为

$$Q_{b,d}=Q_{b,ad}\times\frac{100}{100-M_{ad}}=31692\times\frac{100}{100-1.26}=32096(\text{J/g})$$

当空气干燥基弹筒发热量 $Q_{b,ad}=31.69\text{MJ/kg}>25.10\text{MJ/kg}$，时，硝酸校正系数为 $\alpha=$

0.0016

干基高位发热量为

$$
\begin{aligned}
Q_{gr,d} &= Q_{b,d} - (94.1 \times S_{t,d} + \alpha \times Q_{b,d}) \\
&= 32096 - (94.1 \times 0.89 + 0.0016 \times 32096) \\
&= 31961(J/g) \approx 31.96MJ/kg
\end{aligned}
$$

测定的干基高位发热量与标准值的差值为 31.96－31.93＝0.03（MJ/kg），与标准值之差落在标准值的不确定度 0.13MJ/kg 范围内，该测定结果准确。

35. 制样员将粒度小于 6mm 的全水分煤样装入容器中，密封后称量质量 m_1＝1400.0g。其中容器质量 m_0＝150.0g。化验员收到煤样后称取容器和试样质量 m_2＝1390.0g。用一步法测全水分 M_t 时称 m_3＝10.000g 煤样，干燥后失重 m_4＝1.060g。问：

（1）装入容器时煤样全水分是多少?

（2）若收到时容器和试样质量为 m_5＝1385g，全水分是多少?

解：（1）测得的全水分为

$$M_t = \frac{m_4}{m_3} \times 100 = \frac{1.060}{10.000} \times 100 = 10.6(\%)$$

运输过程中的水分损失为

$$M_1 = \frac{m_1 - m_2}{m_1 - m_0} \times 100 = \frac{1400.0 - 1390.0}{1400.0 - 150.0} \times 100 = 0.8(\%)$$

＜1.0%，根据 GB/T 211—201《煤的全水分测定方法》可以进行水分校正，进行水分损失补正后的全水分为

$$M_t' = M_1 + M_t \frac{100 - M_1}{100} = 0.8 + 10.6 \times \frac{100 - 0.8}{100} = 11.3(\%)$$

答：测定全水分为 10.6%，未经水分补正；若过程注明未有煤样损失，由于运输过程中水分损失为 0.8%（＜1.0%），则全水分补正为 11.3%。

（2）若收到时容器和试样质量为 1385.0g，则

$$M_t = \frac{m_4}{m_3} \times 100 = \frac{1.060}{10.000} \times 100 = 10.6(\%)$$

运输过程中的损失为

$$M_1 = \frac{m_1 - m_5}{m_1 - m_0} \times 100 = \frac{1400.0 - 1385}{1400.0 - 150.0} \times 100 = 1.2(\%) > 1.0\%$$

损失 M_1 大于 1.0%，表明煤样在运送过程中可能受到意外损失，则不可补正，但测得的水分 10.6%可作为试验室收到煤样的全水分，在报告结果时，应注明“未经水分损失补正”，并将容器标签和密封情况一并报告。

若证明煤样在运送过程中不可能受到意外损失，则应进行水分损失补正，即

$$M_t' = 1.2 + 10.6 \times (100 - 1.2)/100 = 11.7\%$$

答：收到时容器和试样质量 m_5＝1385g，10.6%可作为试验室收到煤样的全水分，在报告结果时，应注明“未经水分损失补正”，并将容器标签和密封情况一并报告。若证明煤

样在运送过程中不可能受到意外损失，则应进行水分损失补正，全水分为 11.7%。

36. 用燃烧法测定煤中的碳氢元素时，称空气干燥基煤样 m=0.2000g，燃烧后碱石棉管质量增加 m_1=0.5880g，氯化钙管增加 m_2=0.0880g。已知该煤样的空气干燥基水分 M_{ad}=2.50%，收到基全水分 M_{ar}=4.0%，空气干燥基灰分 A_{ad}=10.00%，收到基全硫 $S_{t,ar}$=0.40%，收到基恒压低位发热量 $Q_{net,p,ar}$=22.32MJ/kg，试求该煤样中的收到基碳含量 C_{ar}、收到基氢含量 H_{ar}以及干燥基恒容高位发热量 $Q_{gr,v,d}$（J/g）。若空气干燥基氮含量 N_{ad}=0.40%，试用门捷列夫公式核查该发热量是否有测量偏差（以相对误差 10%为临界判断值）。

解：空气干燥基碳含量为

$$C_{ad} = 0.2729m_1/m \times 100 = 0.2729 \times 0.5880/0.2000 \times 100 = 80.23(\%)$$

式中　0.2729——将二氧化碳折算成碳的因数。

收到基碳含量为

$$C_{ar} = C_{ad} \times (100 - M_{ar})/(100 - M_{ad}) = 80.23 \times (100 - 4.0)/(100 - 2.5) = 79.00(\%)$$

题中未给出空白值，则空白值 m_3=0，空气干燥基氢含量为

$$\begin{aligned} H_{ad} &= 0.1119(m_2 - m_3)/m \times 100 - 0.1119M_{ad} \\ &= 0.1119 \times 0.0880/0.2 \times 100 - 0.1119 \times 2.50 = 4.64(\%) \end{aligned}$$

式中　0.1119——将水折算成氢的因数。

收到基氢含量为

$$\begin{aligned} H_{ar} &= H_{ad} \times (100 - M_{ar})/(100 - M_{ad}) \\ &= 4.64 \times (100 - 4.0)/(100 - 2.5) \\ &= 4.57(\%) \end{aligned}$$

空气干燥基全硫为

$$\begin{aligned} S_{t,ad} &= S_{t,ar} \times (100 - M_{ad})/(100 - M_{ar}) \\ &= 0.40 \times (100 - 2.50)/(100 - 4.0) = 0.41(\%) \end{aligned}$$

元素分析组成

$$\begin{aligned} O_{ad} + N_{ad} &= 100 - C_{ad} - H_{ad} - M_{ad} - A_{ad} - S_{t,ad} \\ &= 100 - 80.23 - 4.64 - 2.50 - 10.00 - 0.41 = 2.22(\%) \end{aligned}$$

根据 GB/T 213—2008《煤的发热量测定方法》，收到基恒压低位发热量与收到基恒容低位发热量的关系为

$$\begin{aligned} Q_{net,p,ar} &= [Q_{gr,v,ad} - 212H_{ad} - 0.8 \times (O_{ad} + N_{ad})] \times (100 - M_{ar})/(100 - M_{ad}) - 24.4 \times M_{ar} \\ &= (Q_{gr,v,ad} - 212 \times 4.64 - 0.8 \times 2.22) \times (100 - 4.0)/(100 - 2.50) - 24.4 \times 4.0 \\ &= (Q_{gr,v,ad} - 985.46) \times 0.9846 - 97.60 = 22320(J/g) \end{aligned}$$

式中　212——对应于空气干燥煤样（或水煤浆干燥试样）中每 1%氢的气化热校正值（恒压），J/g；

0.8——对应于空气干燥煤样（或水煤浆干燥试样）中每 1%氧和氮的气化热校正值（恒压），J/g；

24.4——对应于收到基煤（或水煤浆）中每 1%水分的气化热校正值（恒压），J/g。

解得

$$Q_{gr,v,ad} = 23754\text{J/g}$$

干燥基恒容低位发热量为

$$Q_{gr,v,d} = Q_{gr,v,ad} \times 100/(100 - M_{ad}) = 23754 \times 100/(100 - 2.50) = 24363(\text{J/g})$$

门捷列夫式为

$$Q_{gr} = (80\text{C} + 300\text{H} - 26\text{O} + 26\text{S}_t) \times 4.1816$$
$$\text{O}_{ad} = 2.22 - 0.40 = 1.82(\%)$$

实测 $Q_{gr,v,ad} = 23754\text{J/g}$

预测 $Q_{gr,v,ad} = (80\times80.23+300\times4.64-26\times1.82+26\times0.41)\times4.1816 = 32507(\text{J/g})$

实测与预测相差＝32507－23754＝8753(J/g)

相对偏差＝8753/32507×100＝26.93（%）＞10%

故实测值有偏差，需要重新测定发热量。

答：该煤样的收到基碳含量 C_{ar} 为 79.00%，收到基氢含量 H_{ar} 为 4.57%，干燥基恒容高位发热量 $Q_{gr,v,d}$ 为 23754J/g。用门捷列夫公式核查该发热量有测量偏差。

37. 某化验员用一有证煤炭标准物质对三节炉进行检查，氢吸收管质量增加 $m_2 = 0.0546\text{g}$，第一碳吸收管质量增加 $m_{11} = 0.5128\text{g}$，第二吸收管质量增加 $m_{12} = 0.0123\text{g}$，标准煤样质量为 0.2002g，氢管空白值 $m_3 = 0.0030\text{g}$，分析水 $M_{ad} = 4.56\%$，标值及用户参考不确定度氢为 2.74%±0.10%，碳为 75.12%±0.30%，试问该次检查是否合格。

解：测得的空气干燥基氢含量为

$$\begin{aligned} H_{ad} &= 0.1119 \times \frac{(m_2 - m_3)}{m} \times 100 - 0.1119 \times M_{ad} \\ &= 0.1119 \times \frac{0.0546 - 0.0030}{0.2002} \times 100 - 0.1119 \times 4.56 \\ &= 2.37(\%) \end{aligned}$$

测得的空气干燥基碳含量为

$$C_{ad} = 0.2729 \times \frac{m_{11} + m_{12}}{m} \times 100 = 0.2729 \times \frac{0.5128 + 0.0123}{0.2002} \times 100 = 71.58(\%)$$

测定的空气干燥基氢换算为干燥基为

$$\text{H}_d = \text{H}_{ad} \times \frac{100}{100 - M_{ad}} = 2.37 \times \frac{100}{100 - 4.56} = 2.48(\%)$$

与标准值差值为 2.48－2.74＝－0.26（%），超出不确定度 0.10%范围，氢测定结果不合格。

测定的空气干燥基碳换算为干燥基为

$$C_d = C_{ad} \times \frac{100}{100 - M_{ad}} = 71.58 \times \frac{100}{100 - 4.56} = 75.00(\%)$$

与标准值差值为 75.12－75.00＝0.12（%），在不确定度 0.30%范围内，碳测定结果合格。

答：氢测定结果超出标值不确定度范围，不合格；碳测定结果在标值不确定度范围内，合格。

38. 某实验室收到粒度小于 6mm 的煤样，立即测全水分时称样 $m=10.420$g，在规定条件下干燥后试样失重 $m_1=0.862$g，检查性干燥后试样失重 $m_2=0.861$g。请计算试样全水分 M_t 是多少？已知在采制样过程中水分损失 $M_f=0.8\%$，试计算被采样煤全水分？化验室给出的未进行采制样水分损失校正时的低位热值 $Q_{net,ar}=21.50$MJ/kg，试计算校正采制水分损失后被采样煤低位热值（MJ/kg）。

解：检查性干燥后增重，即 $m_2<m_1$，以增重前一次为计算依据，则

$$M_t = m_1/m \times 100 = 0.862/10.420 \times 100 = 8.27(\%) \approx 8.3(\%)$$

采制过程中的水分损失 $M_f=0.8\%$，进行水分损失补正后的全水分为

$$M'_t = M_f + M_t \times (100 - M_f)/100 = 0.8 + 8.27 \times (100 - 0.8)/100 = 9.0(\%)$$

校正水分损失后的低位热值为

$$\begin{aligned} Q'_{net,ar} &= (Q_{net,ar} + 23M_t) \times (100 - M'_t)/(100 - M_t) - 23M'_t \\ &= (21500 + 23 \times 8.3) \times (100 - 9.0)/(100 - 8.3) - 23 \times 9.0 \\ &= 21318(\text{J/g}) \approx 21.32\text{MJ/kg} \end{aligned}$$

答：试样全水分 M_t 是 8.3%，被采样煤全水分是 9.0%，校正采制水分损失后被采样煤低位热值是 21.32MJ/kg。

39. 某电厂长期燃用某煤矿的高挥发分烟煤，由熟练化验员的检测结果获得了灰分与发热量关系的对应结果，如表 3-6 所示。以便获得灰分与发热量相关关系作为质量控制方法。

表 3-6　　煤样干燥基灰分和干燥基高位发热量的检测数据

序号	干燥基灰分 A_d（%）	干燥基高位发热量 $Q_{gr,d}$（J/g）	序号	干燥基灰分 A_d（%）	干燥基高位发热量 $Q_{gr,d}$（J/g）
1	9.52	32090	7	15.30	29564
2	10.59	31625	8	16.72	29051
3	11.71	31234	9	17.89	28668
4	23.47	26138	10	19.92	27823
5	12.11	31167	11	21.03	27180
6	13.51	30360	12	27.65	24619

（1）试根据表 3-6 中数据给出发热量与灰分之间的一元线性回归方程。

（2）试评定该回归方程有没有实用意义。（提示：评定回归效果与回归方程置信范围，相关系数临界值 $r_{c,0.05}=0.576$）

（3）某一化验员测定该煤矿某一批次煤灰分 A_d 为 22.50%，发热量 $Q_{gr,d}$ 为 26110J/g，试问该发热量测定结果有无问题。如果有，测定过程中的可能原因有哪些？

解：（1）设一元线性回归关系式为 $Q_{gr,d}=a+bA_d$，a 为一元线性回归方程的截距，b 为一元线性回归方程的斜率，以实验数据中的 8 组 $Q_{gr,d}$ 数据为纵坐标 y，以实验数据中的 12 组 A_d 数据为横坐标 x。纵坐标 $Q_{gr,d}$ 的平均值为

$$\bar{y}=\frac{32090+31625+31234+26138+31167+30360+29564+29051+28668+27823+27180+24619}{12}$$

$$=29126.58(\mathrm{J/g})$$

横坐标 A_d 的平均值为

$$\bar{x}=\frac{9.52+10.59+11.71+23.47+12.11+13.51+15.30+16.72+17.89+19.92+21.03+27.65}{12}$$

$$=16.62(\%)$$

横坐标与平均值差值的平方和为

$$l_{xx}=\sum_{i=1}^{12}(x_i-\bar{x})^2$$

$$=(9.52-16.62)^2+(10.59-16.62)^2+(11.71-16.62)^2+(23.47-16.62)^2$$
$$+(12.11-16.62)^2+(13.51-16.62)^2+(15.30-16.62)^2+(16.72-16.62)^2$$
$$+(17.89-16.62)^2+(19.92-16.62)^2+(21.03-16.62)^2+(27.65-16.62)^2$$
$$=343.18$$

纵坐标与平均值差值的平方和为

$$l_{yy}=\sum_{i=1}^{12}(y_i-\bar{y})^2$$

$$=(32090-29126.58)^2+(31625-29126.58)^2+(31234-29126.58)^2$$
$$+(26138-29126.58)^2+(31167-29126.58)^2+(30360-29126.58)^2$$
$$+(29564-29126.58)^2+(29051-29126.58)^2+(28668-29126.58)^2$$
$$+(27823-29126.58)^2+(27180-29126.58)^2+(24619-29126.58)^2$$
$$=60295544.92$$

横纵坐标与平均值差值的乘积和为

$$l_{xy}=\sum\nolimits_{i=1}^{12}(y_i-\bar{y})(x_i-\bar{x})$$

$$=(32090-29126.58)\times(9.52-16.62)+(31625-29126.58)$$
$$\times(10.59-16.62)+(31234-29126.58)\times(11.71-16.62)$$
$$+(26138-29126.58)\times(23.47-16.62)+(31167-29126.58)$$
$$\times(12.11-16.62)+(30360-29126.58)\times(13.51-16.62)$$
$$+(29564-29126.58)(15.30-16.62)+(29051-29126.58)$$
$$\times(16.72-16.62)+(28668-29126.58)\times(17.89-16.62)$$
$$+(27823-29126.58)\times(19.92-16.62)+(27180-29126.58)$$
$$\times(21.03-16.62)+(24619-29126.58)\times(27.65-16.62)$$
$$=-143737.51$$

得出一元线性回归方程的斜率为

$$b=\frac{l_{xy}}{l_{xx}}=\frac{-143737.51}{343.18}=-418.84$$

得出一元线性回归方程的截距为

$$a=\bar{y}-b\bar{x}=29126.58-(-418.84)\times16.62=36087.7$$

灰分与发热量之间的方程为 $Q_{gr,d}=36087.7-418.84A_d$

（2）线性相关系数相关系数为

$$r=\frac{l_{xy}}{\sqrt{l_{xx}l_{yy}}}=\frac{-143737.51}{\sqrt{343.18\times60295544.92}}=-0.9992$$

按相关系数检验法 $|r|>r_{c,0.05}=0.576$，发热量与灰分之间线性相关显著。

回归方程残余标准差为

$$S_y=\sqrt{\frac{l_{yy}-bl_{xy}}{n-2}}=\sqrt{\frac{60295544.92-(-418.84)\times(-143737.51)}{12-2}}=96.2$$

在95%概率下，测定次数为12次时，置信因子 $t=2.228$，其置信区间半宽约为 $2.228\times96.2=214$（J/g），远小于GB/T 213—2008规定的再现性限300J/g，因此该回归方程有实用意义，可以作为质量控制方法核对实测发热量准确性。

（3）干燥基灰分 A_d 为22.50%时，计算发热量 $Q_{gr,d}=36087.7-418.84A_d=36087.7-418.84\times22.50=26664$(J/g)，实测值为26110J/g，差值为－554(J/g)，不在置信区间(26664－214,26664＋214)＝(26450,26878)范围内，所测结果严重偏低。

可能原因如下：

（1）样品在氧弹内燃烧不完全，如爆燃喷溅、充氧不足。

（2）氧弹漏气。

（3）热容量标定结果偏低。

40. 表3-7是用5个有证标准煤样对某一台红外测硫仪器的标定记录。

表3-7　红外测硫仪器的标定记录　%

测定次数＼标准煤样	A	B	C	D	E
1	0.46	0.94	2.15	3.06	4.52
2	0.46	0.93	2.13	3.10	4.43
3	0.44	0.95	2.16	3.04	4.44
4	0.48	0.95	2.16	3.06	4.42
5	0.47	0.93	2.15	3.14	4.40
测定结果平均值（$S_{t,ad}$）	0.46	0.94	2.15	3.08	4.44
标准差 s	0.015	0.013	0.012	0.040	0.046
测定样品标准值（$S_{t,ad}$）	0.53	1.03	2.37	3.39	4.68

注　表中全硫为空气干燥基全硫。

（1）试根据统计检验回答5个标准煤样的标定试验是否等精度。（置信范围 $a=0.05$）

（2）建立线性工作曲线，并进行线性相关显著性检验。（置信范围 $a=0.05$）

（3）按规定对某试样全硫进行重复测定，仪器显示值分别为2.70%、2.83%、2.76%、

2.73%。试计算经工作曲线校正后的全硫结果及报出值。

（4）试简述红外池定量分析原理并分析讨论方法误差。

（本题计算：Cochran 法临界值 $C_{0.95,4,5}=0.5441$；t 检验法，$t_{0.975,3}=3.182$）

解：（1）用 Cochran 法检验 5 个标准煤样的标定试验标准差为

$$C=\frac{s_{\max}^2}{\sum_1^5 s_i^2}=\frac{0.046^2}{0.015^2+0.013^2+0.012^2+0.040^2+0.046^2}=0.508<C_{0.95,4,5}=0.5441$$

所以对标准煤样标定试验是等精度的。

（2）设一元线性回归关系式为 Y(未校准测定值) $=a+bx$(标准值)，a 为一元线性回归方程的截距，b 为一元线性回归方程的斜率，以实验数据中的测定结果平均值数据为纵坐标 y，以实验数据中的标准值数据为横坐标 x。纵坐标的平均值为

$$\bar{y}=\frac{0.46+0.94+2.15+3.08+4.44}{5}=2.214(\%)$$

横坐标的平均值为

$$\bar{x}=\frac{0.53+1.03+2.37+3.39+4.68}{5}=2.4(\%)$$

纵坐标与平均值差值的平方和为

$$\begin{aligned}l_{yy}&=\sum_{i=1}^{5}(y_i-\bar{y})^2\\&=(0.46-2.214)^2+(0.94-2.214)^2+(2.15-2.214)^2+(3.08-2.214)^2\\&\quad+(4.44-2.214)^2=10.4087\end{aligned}$$

纵坐标与平均值差值的平方和为

$$\begin{aligned}l_{xx}&=\sum_{i=1}^{5}(x_i-\bar{x})^2\\&=(0.53-2.4)^2+(1.03-2.4)^2+(2.37-2.4)^2+(3.39-2.4)^2+(4.68-2.4)^2\\&=11.5532\end{aligned}$$

横纵坐标与平均值差值的乘积和为

$$\begin{aligned}l_{xy}&=\sum_{i=1}^{5}(y_i-\bar{y})(x_i-\bar{x})\\&=(0.46-2.214)\times(0.53-2.4)+(0.94-2.214)\times(1.03-2.4)\\&\quad+(2.15-2.214)\times(2.37-2.4)+(3.08-2.214)\times(3.39-2.4)\\&\quad+(4.44-2.214)\times(4.68-2.4)=10.9599\end{aligned}$$

得出一元线性回归方程的斜率为

$$b=\frac{l_{xy}}{l_{xx}}=\frac{10.9599}{11.5532}=0.9486$$

得出一元线性回归方程的截距为

$$a=\bar{y}-b\bar{x}=2.214-0.9486\times2.4=-0.063$$

（3）线性相关系数相关系数为

$$r=\frac{l_{xy}}{\sqrt{l_{xx}l_{yy}}}=\frac{10.9599}{\sqrt{11.5532\times 10.4087}}=0.99944$$

工作曲线方程为

$$Y\text{（未校准测定值）}=-0.063+0.9486x\text{（标准值）}$$

统计量为

$$t=r\frac{\sqrt{n-2}}{\sqrt{1-r^2}}=\sqrt{\frac{5-2}{1-0.99944^2}}\times 0.99944=51.733>t_{0.95,3}=3.182$$

式中　n——检测次数。

所以该方程线性相关显著。

（4）4 个仪器测定值经校正后分别为 $(2.70+0.063)/0.9486=2.91(\%)$ 和 $(2.83+0.063)/0.9486=3.05(\%)$、$(2.76+0.063)/0.9486=2.98(\%)$、$(2.73+0.063)/0.9486=2.94(\%)$，全硫含量均在 1.50%（不含）～4.00%之间，因此允许差 $T=0.10\%$，4 次测定允许差 $1.3T=0.13\%$，4 次测定结果极差＝3.05－2.91＝0.14%＞0.13%，不在允许差范围内，4 次结果不符合要求。试取其中三组是否满足要求，3 次测定允许差 $1.2T=0.12\%$，取 2.94%、3.05%、2.98%3 个结果，极差为 0.09%＜0.12%，故其符合要求，报出值为 $(3.05+2.94+2.98)/3=2.99\%$；取 2.94%、2.98%、2.91%，极差为 0.07＜0.12%，也符合要求，报出值为 $(2.94+2.98+2.91)/3=2.94\%$。

41. 一批 6000t 动力煤，矿方按 GB 475—2008《商品煤样人工采取方法》基本采样方案采取一个总样，化验结果如下：空气干燥基水分 $M_{ad}=2.80\%$，空气干燥基灰分 $A_{ad}=16.96\%$，空气干燥基全硫 $S_{t,ad}=0.80\%$，干燥基高位发热量 $Q_{gr,d}=28.00$MJ/kg。电厂使用机械化采样，采样精密度 $P_b=1.2\%$，化验结果：干燥基灰分 $A_d=20.45\%$、干燥基全硫 $S_{t,d}=0.92\%$、干燥基高位发热量 $Q_{gr,d}=27.55$MJ/kg。双方约定以热值计价。试问本批次煤炭的质量是否合格。

解：矿方化验值为报告值，电厂化验值为检验值。

（1）合成精密度。矿方用 GB 475—2008 基本采样方案，根据 GB 475—2008《商品煤人工采样方法》，矿方干基灰分 $A_d=A_{ad}\times 100/(100-M_{ad})=16.96\times 100/(100-2.80)=17.45$，则采样精密度 $P_0=\pm(1\%\times A_d)\approx\pm 1.74(\%)$；验收单位用机械化采样机，其采样精密度 $P_b=\pm 1.2\%$。

双方合成采样精密度 P_h 为

$$P_h\text{(绝对值)}=\sqrt{P_0^2+P_b^2}=\sqrt{1.74^2+1.2^2}=2.11(\%)$$

（2）允许差确定。根据 GB/T 18666—2014《商品煤质量抽查和验收方法》，发热量允许差为

$$\Delta Q_{gr,d}=+0.396P_h=0.396\times 2.11=+0.84(\text{MJ/kg})$$

全硫的允许差为

$$\Delta S_{t,d}=-0.17\%$$

（3）质量指标差值及判定，厂方为检验值，矿方为报告值。发热量为

$\Delta Q_{gr,d}$ = 报告值 − 检验值 = 28.00 − 27.55 = 0.45(MJ/kg) <+0.84MJ/kg，该批煤发热量合格。

矿方干燥基全硫为

$$S_{t,d} = S_{t,ad} \times 100/(100 - M_{ad}) = 0.80 \times 100/(100 - 2.80) = 0.82(\%)$$

全硫差值为

$\Delta S_{t,d}$ = 报告值 − 检验值 = 0.82 − 0.92 = −0.10% > −0.17%，该批煤全硫合格。

(4) 结论。该批煤质量合格。

答：本批次煤炭的质量合格。

42. 用库仑滴定法来测定煤的含硫量，具体步骤如下：

(1) 将管式高温炉升温并控制在 1138℃，燃烧管内出口端装有玻璃纤维棉。

(2) 空气中有酸性气体，进气净化管内只装有变色硅胶，开动供气泵和抽气泵并将抽气流量调节到 1500mL/min。在抽气下，将电解液加入电解池内，电解液的 pH 值为 1.0，开动搅拌器，搅拌的速度为 300r/min。

(3) 在瓷舟中称取粒度小于 0.2mm 的空气干燥煤样 m=0.0530g（准确至 0.0002g），并在煤样上盖一薄层三氧化钨。将瓷舟放在送样的石英托盘上，开启送样程序控制器，煤样即自动送进炉内，先在 500℃停留 30s，然后推到高温下停留直到滴定结束。

试问上述操作存在什么问题。

解决问题后正常试验，已知该仪器采用单点标定，标定使用一标准值为 $S_{t,d}$=1.33%的有证煤炭标准物质，标定时 3 次测定结果分别为 1.15%、1.13%和 1.18%，同时该标准物质的 M_{ad}=2.28%，消耗电量 Q=3.196C，试问全硫的测定结果是多少。

解：(1) 存在的问题。

1) 恒温区温度偏低，至少 70mm 长的（1150±10)℃恒温带。

2) 燃烧管内没有装 3mm 厚硅酸铝棉，测定气肥煤、褐煤等高挥发分煤可能引起爆燃（燃烧不完全），造成熔板和燃烧管发黑，影响测定值的正确度和精密度。

3) 空气中有酸性气体，进气净化管应该装固体氢氧化钠目的脱除空气中的酸性气体，如 SO_2。

4) 抽气量 1500mL/min 改为 1000mL/min。

5) 电解液的 pH 值小于 1，需要更换。

6) 搅拌器的搅拌的速度为 300r/min，搅拌速度太慢则电解生成的碘得不到迅速扩散，会使终点控制失灵，无法得到准确的全硫测值。

7) 在 500℃停留 30s，停留时间太短，可能会产生煤样爆燃和固硫作用。

8) 测定样品前在瓷舟中放入少量含高硫量的废样，进行终点电位调整试验，然后做标准物质。

(2) 结果计算。

1) 校准系数 K 计算。根据国家标准规定，当全硫含量小于 1.50%时，两次测定结果的重复性限 T=0.05%，三次测定结果的重复性限 $1.2T = 1.2 \times 0.05 = 0.06(\%)$。

因为题中三次测定结果的极差为 1.18－1.13＝0.05（%）＜0.06%，所以三次结果符合重复性限要求，可以取三次结果平均值作为测定结果标定三次平均值 $S_{t,ad(pj)}=(1.15+1.13+1.18)/3=1.15(\%)$

标准物质的空气干燥基全硫标准值为

$$S_{t,ad(CRM)}=S_{t,d}\times(100-M_{ad})/100=1.33\times(100-2.28)/100=1.30(\%)$$

校正系数为

$$K=S_{t,ad(CRM)}/S_{t,ad(pj)}=1.30/1.15=1.13$$

2）煤中全硫的质量分数。显示的硫质量为

$$m_1=\frac{Q}{96485}\times16\times K\times1000=\frac{3.196}{96485}\times16\times1.13\times1000=0.60(\text{mg})$$

式中　Q——消耗的电量；

K——校正系数。

全硫质量分数，即空气干燥基全硫为

$$S_{t,ad}=\frac{m_1}{m}\times100=\frac{0.60}{53.0}\times100=1.13(\%)$$

答：全硫的测定结果是 1.13%。

43. 化验员用两步法对一煤样进行全水分测定，外在水分测定完毕后将 2 次测定后的煤样混合，破碎到粒度小于 3mm，测定过程数据见表 3-8。

表 3-8　　全水分测定数据

重复测定		第 1 次	第 2 次
外在水分测定	浅盘质量（g）	123.5	135.8
	样品质量 m（g）	500.5	500.9
	第一次干燥后（磁盘+样品）质量（g）	575.6	586.9
	第二次干燥后（磁盘+样品）质量（g）	572.5	584.0
	第三次干燥后（磁盘+样品）质量（g）	570.3	582.7
	第四次干燥后（磁盘+样品）质量（g）	570.2	582.8
内在水分测定	称量瓶质量（g）	25.382	28.654
	样品质量（g）	10.102	10.008
	干燥后（称量瓶+样品）质量（g）	34.959	38.158
	第 1 次检查性干燥后（称量瓶+样品）质量（g）	34.954	38.155
	第 2 次检查性干燥后（称量瓶+样品）质量（g）	34.952	38.153

则该煤样的全水分是多少？

解：计算水分为

$$M=m_1/m\times100$$

式中　m_1——煤样的质量损失；

m——煤样质量。

外在水分的第一次重复测定中，第二次干燥后于第一次干燥后相比，减重 3.1g，不满足检查性干燥要求；第三次检查性干燥与第二次相比减少 2.2g，不满足要求；第四次与第三次相比，减重 0.1g，满足检查性干燥后，与前一次相比不少于 0.5g 要求。故以第四次为计算依据。

$$M_{f1} = (123.5 + 500.5 - 570.2)/500.5 \times 100 = 53.8/500.5 \times 100 = 10.7(\%)$$

外在水分的第二次重复测定中，前三次检查性干燥性质量与前一次相比均大于 0.5g，第四次与第三次相比增重，则以增重前一次的结果为计算依据。

$$M_{f2} = (135.8 + 500.9 - 582.7)/500.9 \times 100 = 54.0/500.9 \times 100 = 10.8(\%)$$

外在水分的平均值为

$$M_f = (M_{f1} + M_{f2})/2 = (10.7 + 10.8)/2 = 10.8(\%)$$

计算内在水分：$M_{inh} = m_1/m \times 100$，第一次检查性干燥后煤样质量减少分别为 0.005g 和 0.003g，均未超过 0.01g，无须进行第二次检查性干燥。直接以第一次检查性干燥后的结果为计算依据。

$$M_{inh1} = (25.382 + 10.102 - 34.954)/10.102 \times 100 = 0.530/10.102 \times 100 = 5.2(\%)$$

$$M_{inh2} = (28.654 + 10.008 - 38.155)/10.008 \times 100 = 0.507/10.008 \times 100 = 5.1(\%)$$

内在水分的平均值为

$$M_{inh} = (M_{inh1} + M_{inh2})/2 = (5.2 + 5.1)/2 = 5.2(\%)$$

将内在水分和外在水分加在一起即为全水分，则

$$M_t = M_f + (100 - M_f)/100 \times M_{inh} = 10.8 + (100 - 10.8)/100 \times 5.2 = 15.4(\%)$$

答：该煤样的全水分是 15.4%。

44. 某化验员测定某煤样挥发分时，试验数据为坩埚质量 m_1＝17.2026g，试样质量 m_2＝0.9956g，灼烧后坩埚质量 m_3＝18.1252g。该煤样收到基灰分 A_{ar} 为 12.36%，全水分 M_t 为 8.5%，空气干燥基水分 M_{ad} 为 1.35%，空气干燥基碳酸盐二氧化碳 $(CO_2)_{ad}$＝2.80%。计算空气干燥基挥发分 V_{ad}、干燥无灰基挥发分 V_{daf}、干燥无灰基固定碳 FC_{daf}、燃料比，并判断为何种煤。

解：空气干燥基挥发分为

$$V_{ad} = \frac{m_1 + m_2 - m_3}{m_2} \times 100 - M_{ad}$$
$$= \frac{17.2026 + 0.9956 - 18.1252}{0.9956} \times 100 - 1.35$$
$$= 5.98(\%)$$

空气干燥基灰分为

$$A_{ad} = A_{ar} \times (100 - M_{ad})/(100 - M_t)$$
$$= 12.36 \times (100 - 1.35)/(100 - 8.5) = 13.33(\%)$$

干燥无灰基挥发分为

$$V_{daf} = [V_{ad} - (CO_2)_{ad}]/(100 - M_{ad} - A_{ad}) \times 100$$
$$= (5.98 - 2.80)/(100 - 13.33 - 1.35) \times 100$$

$$= 3.73(\%)$$

干燥无灰基固定碳为

$$FC_{daf} = 100 - V_{daf} = 100 - 3.73 = 96.27(\%)$$

燃料比$=FC_{daf}/V_{daf}=96.27/3.73=25.81$

因为V_{daf}小于10%，所以判断是无烟煤。

答：空气干燥基挥发分V_{ad}为5.98%、干燥无灰基挥发分V_{daf}为3.73%、干燥无灰基固定碳FC_{daf}为96.27%、燃料比为25.81，判断为无烟煤。

45. 某单位采用库仑定硫仪测定煤中全硫。某一试样四次重复试验中称样量及仪器显示电量结果见表3-9。

表3-9　　全硫测定数据

项目	第一次	第二次	第三次	第四次
称样量 m (mg)	52.2	50.8	53.5	49.0
仪器显示电量 Q (mC)	4393	4106	4550	4166

根据库仑滴定法的原理：

(1) 假定本次试验的校正系数为1.06。计算上述每一次测定的相应的全硫（$S_{t,ad}$）含量?

(2) 本次全硫测定结果如何报出。

解：(1) 依据库仑滴定法的原理——法拉第电解定律可知，每消耗96500库仑的电量电极上发生反应的硫为16mg。据此可算出每一次试验中对应的全硫含量$S_{t,ad}$（%）。

$$S_{t,ad} = (Q \times 16 \times 100 \times 1.06)/(96500 \times m)$$

则

$$S_{t,ad1} = (4393 \times 16 \times 100 \times 1.06)/(96500 \times 52.2) = 1.48(\%)$$

$$S_{t,ad2} = (4106 \times 16 \times 100 \times 1.06)/(96500 \times 50.8) = 1.42(\%)$$

$$S_{t,ad3} = (4550 \times 16 \times 100 \times 1.06)/(96500 \times 53.5) = 1.49(\%)$$

$$S_{t,ad4} = (4166 \times 16 \times 100 \times 1.06)/(96500 \times 49.0) = 1.49(\%)$$

答：上述结果依次为1.48%、1.42%、1.49%、1.49%。

(2) 根据GB/T 214—2007《煤中全硫的测定方法》，当全硫含量小于1.50%时，两次重复测定允许差$T=0.05\%$，则四次极差应为$1.3T=1.3\times0.05=0.065$（%），上述数据四次测定极差$=1.49-1.42=0.07$（%），测定不符合要求，但其中1.48%、1.49%、1.49%三次测定结果，满足三次测定允许差$1.2T=1.2\times0.05=0.065$的要求，所以以此三次结果平均值1.49%报出。

六、问答题

1. 重复测定结果都在允许差内是否意味着试验结果一定准确？为什么？

答：重复测定结果都在允许差内只能说明试验精度达到了国家标准的要求，并不意味着测定结果一定准确。因为，当试验没有严格遵照国家标准规定的试验条件和操作步骤进行时，由于系统误差的存在，结果的重复性很好但不准确。只有在没有系统误差的情况下，精密度好的结果才是准确的结果。一般来说，相关国家标准规定的试验方法都是经过大量试验和研究证明的无系统误差的方法，因而如果实验条件和操作步骤都能严格按照相关国家标准要求，在允许误差之内的结果可认为是准确度高的结果。但人们很难肯定在全部试验过程中是否完全遵照了国家标准。为考察试验结果的准确度，还应用标准物质进行核对，而不能仅以测定结果是否在允许差内为准。

2. 碳氢测定中，净化系统中试剂应何时更换？若不更换，对碳氢测值有何影响？

答：总的来说，净化系统中的试剂应在失效之前更换。

新装好的试剂，在进行 70～100 次测定之后，应检查或更换。

如果发现碱石棉结块或氯化钙局部溶化、黏结并阻碍气流畅通时，应立即更换；否则，会发生碳、氢测值偏高或测定结果重复性不好的现象。

3. 怎样检查热量计氧弹漏气？如何消除漏气故障？

答：氧弹漏气是发热量测定中的常见故障，若不及时消除，则会导致试样燃烧不完全，使测定结果偏低，或发生点火失败。氧弹充氧后浸没在水中，如发现弹盖与弹体结合处漏气，可能是垫圈干涩或存有物屑，应用水润湿或剔除。氧弹进出口阀漏气，多数是因该阀垫圈不合适或老化造成的，应更换合适的垫圈。针型阀漏气，通常是由于针型阀座受含硫气体的腐蚀、磨损造成的，应更换新针形阀。氧弹要很好地维护，以延长使用寿命，保证安全，每次测定发热量后，务必将氧弹各部件仔细用水冲洗并擦净。

4. 某化验员进行煤的发热量测定时，量热仪提示点火失败，化验员将氧弹取出打开后发现点火丝烧断但试样未燃烧，于是将电极柱用砂纸打磨重新绑上点火丝充氧后继续进行试验。分析该化验员的操作，并提出解决办法。

答：该化验员操作是错误的。

首先应根据点火失败的现象分析可能存在的原因，试验现象是点火丝烧断但试样未燃烧，点火丝烧断说明点火电路是没问题的；用砂纸打磨电极柱是为了解决由于电极柱的氧化形成氧化层使点火线路不通的问题，这步操作是不能解决本次点火失败的根本原因的；并且，化验员直接重新绑点火丝充氧进行测定，未重新称样，这步操作是错误的，因为点火丝的烧断虽未引燃煤样但可能会使煤样有质量损失。针对此现象，可能存在的问题是由于试验时未充氧、点火丝未接触试样或者试样热值太低难以引燃引起的，应对操作及氧弹和煤样进行检查；如果是未充氧或点火丝未接触煤样，应重新称样充氧后检测；如参考灰分等指标确定是煤样热值太低引起点火失败，应添加助燃物进行测定。

5. 简述库仑法测定全硫的电解液的配制方法、各组分的作用和在什么情况下需要更换电解液。

答：(1) 称取碘化钾、溴化钾各 5.0g，溶于 250～300mL 水中并在溶液中加入冰乙酸 10mL。

(2) 电解液各组分的作用：

1）冰乙酸调节溶液的 pH 值为 1～2。

2）碘化钾（KI）电解生成碘用于滴定煤中全硫燃烧生成的二氧化硫。

3）溴化钾（KBr）用来抑制溶液中水电解。

（3）在下列情况下需要更换电解液。

1）测定完高硫样品，会产生过电解现象。

2）电解液颜色很深时。

3）电解液放置时间很长时。

4）电解液的 pH 值小于 1 时。

6. 库仑滴定法中电解池依据的定量分析原理（化学物理定律）是什么？写出电解池中主要化学反应和电解电极反应方程式？

答：定量分析原理：

（1）法拉第电解定律。通电于电解质溶液后，由电解产生的物质量与通过电解池电量成正比；在电极析出 1mol 基本单元任何物质，都需要 96485 库仑电量，近似为 96500 库仑电量。

（2）化学反应中等物质的量规则。化学反应中相互反应的物质的量相等。

化学反应和电解电极反应方程式为

$$SO_3+H_2O=\!=\!=H_2SO_4 \qquad I_2+SO_2+2H_2O=\!=\!=H_2SO_4+2HI$$

阳极：$2I^- - 2e = I_2$

阴极：$2H^+ + 2e = H_2\uparrow$

7. 影响灰分测定结果的主要因素是什么？如何获得可靠的灰分测定结果？

答：造成灰分测定结果的主要因素有 3 个：

（1）黄铁矿氧化程度。

（2）碳酸盐（主要是方解石）分解程度。

（3）灰中固定的硫的多少。

为了获得可靠的灰分产率，就必须使黄铁矿氧化完全，方解石分解完全，以及三氧化硫和氧化钙间的反应降到最低程度，为此可采取以下措施：

（1）采用慢速灰化法，使煤中硫化物在碳酸盐分解前就完全氧化并排出，避免硫酸钙的生成。

（2）灰化过程中始终保持良好的通风状态，使硫氧化物一经生成就及时排出，因此要求马弗炉装有烟囱，在炉门上有通风眼或将炉门开启一小缝使炉内空气可自然流通。

（3）煤样在灰皿中要铺平，以避免局部过厚，一方面避免燃烧不完全，另一方面可防止底部煤样中硫化物生成的二氧化硫被上部碳酸盐分解生成的氧化钙固定。

（4）在足够高（＞800℃）的温度下灼烧足够长的时间，以保证碳酸盐完全分解及二氧化碳完全驱出。

8. 导致发热量测定结果不准确的主要原因有哪些？

答：（1）热容量标定的不准确。

（2）称量不准确或错误。

（3）环境条件与标定热容量时的条件变化较大。

（4）充氧操作不正确。

（5）搅拌器故障或搅拌速度不均匀。

（6）使用贝克曼温度计未进行或未能正确地进行毛细孔径和平均分度值的修正。（老式量热仪）

（7）内筒中的水量不能保持一致。

（8）使用绝热式量热计时，热量计的平衡点有问题。

（9）自动量热仪的性能不十分稳定。

（10）使用绝热式热量计时，热量计的平衡点有问题。

9. 缓慢灰化法的测定程序是根据什么制定的？

答：试验证明，煤中黄铁矿和有机硫在500℃以前就基本氧化完全，而碳酸钙从500℃开始分解，到800℃分解完全。据此，GB/T 212—2008《煤的工业分析方法》中规定了如下缓慢灰化程序：煤样放入冷马弗炉，在30min内由室温逐渐加热到500℃（使煤样逐渐灰化，防止爆燃），在500℃停留30min（使有机硫和硫化铁充分氧化并排除），然后再将炉温升到（815±10)℃，并保持1h（使碳酸钙分解完全）。

10. 煤的灰分与矿物质有什么区别和联系？

答：煤中矿物质是指煤中实际存在的除了水分的无机物，包括黏土、方解石（碳酸盐）、硫铁矿、硫酸盐和氧化物等。

煤中灰分是在一定条件下，煤中可燃物完全燃尽，而煤中矿物质发生一系列分解、化合反应后遗留的残留物。因为它是矿物质转化而来，所以应称作产率。在转化中发生的化学变化有失去结显水、碳酸盐分解、硫化物氧化、氯化物等。

它们有相关性，经验公式为

$$MM=1.10A+0.5\mathrm{S_p}$$

式中　MM——矿物质；

A——灰分；

$\mathrm{S_p}$——硫铁矿。

11. 简述化验设备日常核验工作内容。

答：日常工作中，测硫仪需每天在检测前用标准物质或含硫量稳定的控制煤样进行核验（每10～15次检测后重新核验），测氢仪和灰熔融性温度测定仪在检测时应用标准物质进行核验；量热仪、高温炉、工业分析仪等设备也应定期（如每个月）用标准物质进行核验，量热仪等重要设备可在必要时或根据仪器性能情况缩短核验周期。

12. 可以通过哪些技术方法对实验室进行内部质量监控？

答：（1）定期使用有证标准物质（参考物质）和（或）次级标准物质（参考物质）进行内部质量控制。

（2）对存留物品进行再检测。

（3）利用相同或不相同方法进行重复检测。

（4）分析一个样品不同特性结果的相关性等。

13. 使用氧气瓶时安全方面的注意事项有哪些？

答：（1）氧气瓶直立固定好。

（2）氧气瓶不能与可燃气体混放，并远离明火至少 10m。

（3）压力表应安装有减压阀和保险阀，它们均不得漏气。压力表每两年应经计量部门检定一次，以保证指示正确和操作安全。

（4）压力表（减压阀）各连接部分如与氧气瓶、导气管禁止与油脂接触或使用润滑油。如不慎沾污，必须依次用苯和酒精清洗，并待风干后再用。

14. 使用氧弹时安全方面的注意事项有哪些？

答：（1）新氧弹和新换部件（弹筒、弹头、连接环）的氧弹应经 20MPa 水压试验证明无问题后方能使用。

（2）日常使用时，应经常注意观察与氧弹强度有关的结构如弹筒与连接环的螺纹，进出气阀和电极与弹头的连接处等，如发现显著磨损和松动应修理，经水压试验合格后方能使用。

（3）氧弹还应定期进行水压试验，每次水压试验后，氧弹使用时间一般不应超过两年。

（4）禁止氧弹部件交换使用。

（5）禁止氧弹涂抹油脂。

（6）试样点燃后 20s 内，禁止试验人员把身体任何部位伸到热量计的上方。

（7）氧弹内充氧压力不能超过 3.2MPa，若充氧压力过大（超过 3.2MPa），不得进行燃烧试验，此时，应释放全部氧气，重新充氧到 3.2MPa 以下再试验。

15. 测定挥发分时样品称量注意事项有哪些？

答：（1）称量前样品搅拌或摇匀、至少两点取样。

（2）使用干燥洁净坩埚。

（3）检查挥发分坩埚及盖的严密性、形状及质量（15～20g）符合要求。

（4）称样质量范围在（1±0.01）g。

（5）称量过程样瓶无任何形式污染嫌疑，如取样勺清洁、正确放置瓶盖、立即加盖、煤样不能回瓶。

（6）尽量避免样品撒落，如有样品撒落，应正确去除。

（7）埚内煤样应摊平。

16. 标准砝码使用注意事项有哪些？

答：（1）砝码应保持清洁，勿沾有棉毛纤维、灰尘及化学用品。

（2）使用砝码应用骨质或塑料镊子夹取，不能直接用手取放。

（3）砝码使用一段时间后，应定期用擦镜纸或绸布蘸无水乙醇揩拭。

（4）砝码有划伤、发生氧化污痕及砝码头松动等情况应及时送检，合格的砝码才能使用。

17. 简述 GB/T 476—2008《煤中碳和氢的测定方法》中规定的碳氢测定方法中对测定结果有干扰的因素的脱除方法。

答：（1）对氢测定结果有干扰的因素：空气湿度和氧气不纯对测定结果的干扰。

1）用扣除空白的方法。

2）在气体进入燃烧系统前加装有吸水剂的吸收管的方法。

（2）对碳测定结果有干扰的因素：试样中硫氯氮燃烧产生的气体产物对测定结果的干扰。

1）三节炉法中，用铬酸铅脱硫的氧化物，以银丝卷脱氯。

2）二节炉法和电量一重量法中，用高锰酸银热分解产物脱硫和氯；用粒状二氧化锰脱除氮氧化物。

18. 如何正确清扫电子天平？

答：（1）洒落在天平称量盘的物料的处理。关闭电源开关，使用面巾纸，双手轻轻将称量盘外圈和称量盘取出，用酒精棉把称量盘外圈和称量盘的物料擦拭干净。同时用酒精棉把天平内部物料擦拭干净。

（2）绝不允许有物料洒落在称量盘内部传感部位，否则天平易损坏。

（3）不允许物料洒落在称量盘时用毛刷处理物料，经常这么处理天平很快就会损坏。

（4）镊子可以取出称量盘上的小纸片或颗粒大的杂质。

（5）洗耳球可以将称量盘上的一些细小灰尘轻轻吹干净。

（6）毛刷一般用来清扫秤盘四周的杂质，或用天平专用毛刷也可对取出来的秤盘进行清扫。

19. GB/T 213—2008《煤的发热量测定方法》如何规定热容量标定的有效期？

答：规定热容量标定的有效期最长不能超 3 个月。出现下列情况重标：

（1）更换量热温度计（目前主要指测温探头）。

（2）更换热量计大部件如氧弹头、连接环（厂家自供的密封圈、电极柱及螺母不算）。

（3）标定热容量和测定发热量时内筒温度相差 5℃（现在热量计内外筒水基本都是循环使用，因此可以初步从室温变化是否超过 5℃来判断）。

（4）热量计经过较大（如一个房间搬到另一个房间）的搬动。

（5）标准物质进行核查超差找不到其他原因时。

20. 根据 GB/T 213—2008《煤的发热量测定》规定，用热量计法测定发热量时为什么要预先标定好热容量？

答：（1）热量计法测定发热量时要求在发热量之前要预先标定好热量计的热容量，这是热量计测热本身所决定的。

（2）热量计测法测定发热量的原理是将一定质量试样置于在量热体系中的一个充有氧气的氧弹中燃烧，根据量热体系的温升来确定其燃料的发热量，而量热体系的温升程度是与组成量热体系的各种物质密切相关的。

（3）量热体系中物质的吸热多少不仅与物质的材料、质量有关，而且也与这些物质所处的温度有关，因此不同热量计有不同的热容量，甚至同一热量计在相同环境温度下也有不同的热容量。

21. GB/T 213—2008《煤的发热量测定》对氧弹式热量计的技术性能有什么规定？

答：（1）精密度。5 次苯甲酸重复测定结果的相对标准差不大于 0.20%。

（2）准确度。标准煤样测试结果与标准值之差在不确定度范围内；或者用苯甲酸作为样品进行5次发热量测定，其平均值与标准热值之差不超过50J/g。计算中除燃烧不完全的结果外，所有的测试结果不应随意舍弃。

（3）稳定性。热容量的有效期为3个月。在量热体系没有显著改变的条件下，两次热容量的平均值相差不大于0.25％。

22. 量热仪日常维护工作不到位主要是指哪方面？会造成什么结果？

答：对测温探头、水位探头、内筒、内筒滤网、进水滤网等清洗不及时，坩埚清洗不认真、未及时烘干，坩埚底部生锈；氧弹使用完后清洗不彻底、结垢严重等，氧弹的充气阀出现堵塞；在操作过程中氧弹随意搁置，台面卫生不符合要求，氧弹放入内筒时带入点火丝残渣、其他杂质灰尘等，这些因素叠加都会造成仪器准确度、精密度变差，热容量变化率出现超标。

23. 某单位将一检定合格的全自动恒温式热量计放置在实验室的木制桌面上，刚放置不久，5次热容量标定值为9711、9715、9741、9733、9725J/K，内筒水温约为24℃；5天后重新标定热容量为9770、9814、9810、9806、9805J/K，内筒水温约为25℃。经检查热容量标定操作正确，仪器工作正常，每次标定热容量过程中室温变化为1K，仪器量热系统各部件未改变。问仪器热容量是否符合GB/T 213要求？如不符合，请指出产生原因和改进措施。（提示：该全自动恒温式热量计内筒水采用水位计计量容积）

答：（1）刚放置在木制桌面上不久，热容量标定平均值为9725J/K，相对标准差为0.13％精密度合格；5天后热容量平均值为9801J/K，相对标准差为0.16％精密度也合格。

（2）在量热体系不变的条件下，仪器热容量值变化不应超过0.25％；现变化值为(9801－9725)/9725×100＝0.78％，大于0.25％不符合GB/T 213要求。

（3）该全自动恒温式热量计内筒水的计量方式是通过水位计计量容积，由于仪器自重引起木制桌面变形，使仪器水平发生变化，必然引起内筒水量变化，从而引起仪器热容量改变。

如不采取措施木制桌面的变形还有可能继续，该热容量值还会变化。改进措施是应将仪器放在坚固水泥台面上，搬动后立即重新标定热容量。

24. “煤灰熔点”的提法有什么问题？为什么应该称“煤灰熔融性”？

答：“煤灰熔点”的提法是不科学的。因为煤灰是一种由硅、铝、铁、钙和镁等多种元素的氧化物及其他一些化合物构成的复杂混合物，它没有固定的熔点，而是随着加热温度的升高而逐渐熔化，使煤灰产生变形、软化、半球和流动四个特征温度。因此，应该称“煤灰熔融性”。

25. 通常煤化验室进行质量控制的方法有哪些？

答：（1）定期使用有证标准物质进行监控（如用苯甲酸或标准煤样对量热仪、高温炉、测硫仪、灰熔融温度测定仪等设备进行标定或校准）。

（2）参加实验室间的比对（通常与本地区的电科院或获得国家认可的检测机构进行比对）。

（3）使用相同或不同的方法进行重复检测或校准（如测定烟煤的空气干燥基水分可以采用通氮法和空气法进行测定对比）。

（4）对存留样品进行再检测。

（5）分析煤样的不同特性结果的相关性（如灰分、水分、挥发分等指标与热值的相关性，煤灰成分与灰熔融温度间的相关关系等）。

26. GB/T 213《煤的发热量测定方法》强调，为了消除未受控制的热交换引起的系统误差，热容量标定与试样测定的试验条件尽量相近。试简述这些相近的试验条件的内容。

答：相近的试验条件指热量计量热体系没有显著改变，内容如下：

（1）相同的内筒水温度计（包括感温元件、测量电路）和相同的温度计的浸没深度。

（2）相等的内筒水量、相同的氧弹（小部件如电极柱、螺母等可更换）和外筒。

（3）相同的点火方式。

（4）热容量标定与试样发热量测定时内筒水温度相差不超过 5℃。

（5）热量计不得经过较大的搬动（只针对一些全自动热量计）。

27. 为什么恒温式量热法必须进行冷却校正？而绝热式量热法不需要？

答：恒温式量热法在点燃燃料后至达到稳定状态时内筒温度的变化并不完全都是由燃料燃烧放出的热引起的，其中有一部分是由于内外筒温差所导致的热交换引起的。点火后的初期，一般都是内筒温度低于外筒，热从外筒传给内筒，引起内筒温度的上升；但很快内筒温度就高于外筒温度，热从内筒传给外筒，引起内筒温度的下降。因此，在根据点火后内筒温度的升高来计算燃料的发热量时必须对由这一热交换引起的内筒温度变化进行校正才能获得准确的发热量结果。

在绝热式量热法中，由于不存在内外筒温差，内外筒间没有热交换，所以点火后内筒温度的上升可以认为完全是由燃料燃烧放出的热及点火热等引起的，从而不必进行冷却校正就可直接由温度升高的度数来计算燃料的发热量。

28. 进行煤灰熔融性温度测定的注意事项有哪些？

答：（1）严格控制温度测量的准确性，定期检定热电偶和高温计。

（2）定期用标准物质检查试验气氛的正确性。

（3）严格按 GB/T 219—2008《煤灰熔融性的测定方法》要求制作灰锥，使用符合要求的灰锥托盘（主要根据煤灰成分选择酸性或碱性托盘）。

（4）培训操作人员正确观察判断各个特征温度的能力等。

（5）对于自动判断结果的仪器，应检查并保证试验气氛、炉温和升温速度正确；常用人工观测法检查计算机判断结果的正确性。

29. 简述影响煤灰熔融性测定结果的因素。

答：（1）煤灰成分的影响：煤灰成分是决定煤灰熔融性的主要因素，其中影响较大的是 Al_2O_3 和 SiO_2 的含量。

（2）试验气氛的影响。试验气氛是测定煤灰熔融性的一个重要影响因素。弱还原气氛下煤灰熔融性一般低于氧化性气氛；煤灰中铁含量越高，气氛影响越明显。

（3）升温速度的影响。升温速度太快，锥体的实际温度比高温计的指示温度低，从而使测定值偏高；升温速度太慢，会使测定周期延长。

（4）温度测量准确性的影响。高温计和热电偶至少每年校准一次。

（5）试样尺寸。试样为三角锥体，高为20mm，底为边长7mm的正三角形。

（6）托板材料：常用的灰锥托板材料有氧化镁和氧化铝，氧化镁适用于碱性煤灰，氧化铝适用于酸性煤灰。

（7）观察者主观因素的影响。仪器自动判断的熔融性温度，需要人工进行核对。

30. 库仑定硫仪气密性检查不符合要求的原因可能有哪些？

答：（1）电解池漏气。

（2）电解池净化管与各连接部分的橡胶管不紧，漏气。

（3）净化管不严密，如塞子不紧或有裂纹、漏气。

（4）燃烧管堵灰或有裂纹。

（5）燃烧管出口端装有硅酸铝棉的部分积累的灰太多，导致气路不畅。

（6）电磁泵气泵皮碗老化磨损。

31. 如何测量低热值煤（包括石子煤）的热值？

答：测低热值煤需采取的措施有：

（1）提高充氧压力到3.2MPa。

（2）坩埚底部垫经800℃灼烧过的酸洗石棉绒，然后再称量煤样。

（3）在采取以上措施还点不着火或燃烧不完全时，可采取加易燃物质助燃。如擦镜纸包裹煤样，掺苯甲酸。在加助燃物后，硝酸生成热按总释热量考虑。

32. 如何测量高热值（高挥发分）煤的热值？

答：测量高热值（高挥发分）煤的热值需采取的措施有：

（1）减少试样量，一般在标准要求称量范围低限。

（2）称完样品后将煤样摊平。

（3）点火丝于煤样表面保持1～2mm的距离。

（4）对挥发分高的煤样可以压饼或包擦镜纸后进行测定。

33. 实验室进行内部质量控制时，如何选择标准物质？

答：（1）应选取有证标准物质。

（2）标准物质的量值（或含量水平）应与被测物品的量值（或含量水平）相近。

（3）标准物质的形态（液态、气态或固态）应与被测物品相同。

（4）标准物质应在其有效期内使用，其保存条件应符合规定的储存条件。

34. 化验工作中何时需要对测硫仪进行标定、标定有效性核查及标定检查？

答：（1）对验收合格的测硫仪在使用过程中应定期对仪器进行标定、用有证煤标准物质进行测定的测定值落在标准不确定度范围之外又找不到原因（排除气路系统、电解液失效等其他因素后）时或对设备的准确性产生怀疑时需对仪器进行标定。标定一般采用单点或多点标定法。

（2）仪器标定完后应另选取 1～2 个有证煤标准物质或其他控制样品，测定其含硫量，若测定值与标准值之差落在标准值不确定度范围内，则证明仪器标定有效。

（3）在样品测定期间用有证煤标准物质进行测定，测定推荐在每批样品试验的开始和结束时进行，样品量大时在试验中间插入 1～2 次，确保测定结果的有效性。发现标准物质测定值落在标准值不确定范围外，应及时查找原因，解决问题，必要时重新标定仪器，并对检查前完成的试验结果重新进行测定。

35. 某化验室按 GB/T 213—2008《煤的发热量测定方法》规定：

（1）"标定热容量一般应进行 5 次重复测定，取符合要求 5 次重复测定平均值作为仪器热容量。"试分析进行 5 次重复测定的理由？

（2）"计算 5 次重复试验结果的平均值和相对标准差，其相对标准差不应超过 0.20%；若超过 0.20%，再补做一次试验，取符合要求的 5 次结果的平均值，修约至 1J/K，作为该仪器的热容量。"按此，某化验室对某一恒温式热量计热容量先进行 5 次热容量标定试验，结果依次为 9075、9096、9100、9104、9114J/K。因为相对标准差超过 0.20%，所以再补做一次试验，结果为 9130J/K。试问该仪器的热容量是多少？

答：（1）进行 5 次重复测定的理由：

1）随机误差具有抵偿性，5 次重复测定值平均值随机误差比单次或两次小得多。

2）多次测定值平均值标准偏差（S_X）与单次测定标准差 S 次之间关系为

$$S_X = S/\sqrt{n}$$

式中　n——测定次数。从上式可以看出测定次数越多，平均值标准差越小。

3）当重复次数超过 5 次后，平均值标准差变化不大，即对减少随机误差没有显著作用，因此为了减少工作量，重复测定 5 次即可。

（2）由于先前进行 5 次标定，其平均值为 9102J/K，相对标准差为 0.21%，不符合规定。加做 1 次将 6 次结果按升序排列为：9075、9096、9100、9104、9114、9130J/K。取前 5 次，热容量平均值为 9101J/K，相对标准差 0.20%，符合规定；取后 5 次，热容量平均值为 9113J/K，相对标准差为 0.18%，也符合规定。

因此符合规定热容量是 9098J/K 或 9109J/K。

36. 灰熔融性温度试验报告至少包括哪些内容？

答：（1）试样编号。

（2）依据标准。

（3）灰锥的四个熔融特征温度：DT、ST、HT 和 FT，计算重复测定值的平均值并化整到 10℃报出。

（4）试验气氛性质及控制方法。

（5）托板材料及试验后的表面状况。

（6）试验过程中产生的烧结、收缩、膨胀和鼓泡等现象及其相应温度。

37. 如何正确判断灰熔融性的四个特征温度？

答：（1）DT：变形温度。主要依据灰锥尖端开始变圆或弯曲。有的灰锥弯曲后又变直，温度上升，又弯曲变形，应将第二次的温度判定为变形温度。

（2）ST：软化温度。高度等于底长的情况下，应注意是否为球形，棱角分明的不应判定为软化温度。

（3）HT：半球温度。注意是否为半球，棱角分明的不应判定为半球温度。

（4）FT：流动温度。展开为主要依据，如展开为大于 1.5mm 的层，但表面明显有起伏或冒泡，或试验骤然跃落或消失，已成液体，应判定为流动温度。

38. 简要回答表 3-10 中各项实验或实验条件的目的或作用是什么？

答：各项实验或试验条件的目的或作用见表 3-10。

表 3-10　各项实验或试验条件的目的或作用

序号	实验名称或实验条件	目的或作用
1	缓慢灰化法中的“检查性灼烧”	主要是为了验证煤中矿物质的各种化学反应是否进行完全
2	库仑滴定法测全硫时空气供气量是抽气量的 1.5 倍以上	在燃烧管开端口形成“气封”，隔断未净化的空气进入炉内参与样品的燃烧，同时避免燃烧产物逸出
3	恒温式热量计法在实验过程中设置初期和末期	确定热量计的热交换特性，以便在燃烧反应主期内对热量计内筒与外筒间的热交换进行正确的校正
4	三节炉法测定煤中碳氢元素时第二节炉中充填线状氧化铜	将试样的不完全燃烧产物一氧化碳转化成二氧化碳
5	煤的工业分析——自动仪器法使用卧式盆状炉型的仪器时，留出一个或几个不放试样的空坩埚	确定浮力效应值，对热态称量质量进行校正

39. 按表 3-11 中示例，识别表中所列煤质分析标准方法中存在的主要系统误差来源及其相应的消除或校正方法。

答：主要系统误差来源及其相应的消除或校正方法见表 3-11。

表 3-11　主要系统误差来源及其相应的消除或校正方法

分析试验名称	系统误差来源	消除或校正方法
示例：高温燃烧中和法测定煤中全硫	设备装置引入比例性系统误差	通过与艾士卡法对照试验，得到与含硫量有关的修正系数
艾士卡法测定煤中全硫	试剂、材料和水引入固定性系统误差	通过空白试验得到所使用试剂和水有关的修正值
库仑滴定法测定煤中全硫	方法缺陷引入线性系统误差	通过测定标准煤样作工作曲线进行校正
煤的工业分析仪器法	试验条件（浮力效应）引入固定性系统误差	通过空白试验得到与坩埚大小、材质相关的修正值
两节炉法测定煤中总碳	硫、氯、氮元素的干扰会引入固定性系统误差	用高锰酸银热解产物在炉内消除硫氯的干扰，在炉外用粒状二氧化锰消除氮的干扰
恒温式热量计测定煤的发热量	仪器缺陷即测量过程中内外筒间存在热量交换引入的固定性系统误差	按 GB/T 213—2008 规定进行冷却校正（热交换改正）

40. 表 3-12 是某煤质分析实验室 2015 年 7 月 1 日对某试样进行分析试验结果的报告。试指出其中的错误并改正。（注意表中有关各项目的实测值是准确的）

表 3-12　　　　某试样分析试验结果的报告

序号	检测项目	符号	单位	结果	采用标准编号及名称
1	全水分	M_t	%	22.1	GB/T 211—2017《煤中全水分的测定方法》
2	固有水分	M_{ad}	%	8.94	GB/T 212—2008《煤的工业分析法》
3	灰分	A_{ad}	%	9.38	
4	挥发分	V_{ad}	%	31	
5	焦渣特性类别	*CRC*	—	2 型	
6	干燥无灰基固定碳	FC_{daf}	%	62.05	
7	可燃基挥发分	V_{daf}	%	37.95	
8	全硫	$S_{t,ad}$	%	0.34	GB/T 25214—2010《煤中全硫测定方法　红外光谱法》
9	碳（有机碳）	C_{ad}	%	63.41	DL/T 568—2013《燃料元素的快速分析方法》
10	氢	H_{ad}	%	3.70	
11	氮	N_{ad}	%	1.10	
12	氧	O_{ad}	%	13.13	
13	碳酸盐二氧化碳	$(CO_2)_{ad}$	%	3.50	GB/T 218—2016《煤中碳酸盐二氧化碳含量测定方法》
14	高位发热量	$Q_{gr,ad}$	Mj/kg	24.92	GB/T 213—2008《煤的发热量测定方法》
15	收到基低位发热量	$Q_{net,ar}$	kcal/kg	4942	
16	煤灰变形温度	ST	0℃	1371	GB/T 219—2008《煤灰熔融性的测定方法》
17	煤灰软化温度	DT	0℃	1464	
18	煤灰半球温度	HT	0℃	1489	
19	煤灰流动温度	FT	0℃	1499	
20	二氧化硅	SiO_2	%	45.56	GB/T 1574—2007《煤灰成分分析方法》
21	三氧化二铁	Fe_2O_3	%	7.78	
22	三氧化二铝	Al_2O_3	%	18.02	
23	氧化钙	Ca_2O_3	%	16.88	
24	氧化镁	MgO	%	2.22	
25	二氧化钛	TiO_2	%	1.02	
26	三氧化硫	SO_3	%	5	
27	氧化钾	K_2O	%	1.5	
28	氧化钠	Na_2O	%	0.52	
29	五氧化二磷	P_2O_5	%	0.65	
30	五氧化二钒	V_2O_5	%	0.89	
31	氧化锰	MnO_2	%	0.76	

注　1kcal/kg=4.1868kJ/kg。

答：本报告有如下错误：

（1）检测项目列有两处术语错误，将“固有水分”改为“一般分析试样水分”；将“可燃基挥发分”改为“干燥无灰基挥发分”。

（2）符号列有 3 处符号错误，将“CRC”改为“CB”；将“ST”改为“DT”，“DT”改为“ST”；将“Ca_2O_3”改为“CaO”。

（3）单位列有两处单位错误，将低位发热量非法定计量单位“kcal/kg”改为 MJ/kg；将高位发热量 Mj/kg，改为 MJ/kg。

（4）结果列有 5 处错误：

1）干燥无灰基挥发分/干燥无灰基固定碳，计算错误没有考虑碳酸盐二氧化碳，应分别改为 33.67、66.33。

2）收到基低位发热量计算错误，应改为 20.16MJ/kg。

3）氧的计算错误，应改为 12.17。

4）煤灰特征温度未按要求规定位数报告和修约，DT、ST、HT、FT 应分别改为 1370、1460、1490、1500 或 1.37×10^3（137×10）、1.46×10^3（146×10）、1.49×10^3（149×10）、1.50×10^3（150×10）。

5）挥发分未按规定位数报告，应改为 31.00。

（5）标准编号及名称列有 1 处错误：

煤中全硫测定方法标准名称及编号均错，应改为 GB/T 25214—2010《煤中全硫测定方法 红外光谱法》。

（6）备注中应给出煤灰熔融性测定的气氛如氧化性气氛或弱还原气氛。

（7）因为表中实测值是准确的，煤灰成分数据中的 Al_2O_3 含量低于 20%，而煤灰熔融性温度显示的软化温度已经超过 1400℃，说明煤灰成分的样品和测煤灰熔融性温度的样品不是一个样品，存在样品弄混的可能性。

41. 指出表 3-13 中所列测定煤的发热量时各项不当操作对结果准确度的影响及相应预防或纠正措施。

答：不当操作对结果准确度的影响及相应预防或纠正措施见表 3-13。

表 3-13　　不当操作对结果准确度的影响及相应预防或纠正措施

序号	不当操作	对结果影响	预防或纠正措施
1	称量后样品溅出未复称	使弹筒热值降低	复称或重新称样
2	充氧压力严重偏低	可能使样品燃烧不完全，使弹筒热值降低	使充氧压力恢复到 2.8～3.0MPa
3	氧弹漏气未被发现	使弹筒热值降低	每次试验进行漏气检查，更换密封圈（垫）消除漏气
4	样品燃烧时喷溅	使弹筒热值降低	压饼后切成 2～4mm 小块或用已知热值擦境纸包裹
5	样品燃烧后坩埚底部有炭黑	使弹筒热值降低	称量前坩埚加石棉垫、用已知热值擦境纸包裹或提高充氧压力
6	点火丝埋入试样中太深	样品燃烧时喷溅，使弹筒热值降低	调整点火丝与煤样的距离或按序号 4
7	试样太粗	样品不完全燃烧，使弹筒热值降低	进一步研磨，使其达到 0.2mm 以下
8	测发热量时氧弹内未加水 10mL	使弹筒热值增高	从热容量中扣除约 42J/g，再重新计算或重新加水后实验

42. 供应商A发运一列煤至电厂B，电厂接到来煤后按照相关国家标准要求进行该列车的采制化，制样过程中供应商带走一份3mm样品及全水样（均采用塑料袋），电厂验收结果及供应商带走样品送至其他检验机构测试数据见表3-14。

表3-14　　测试数据

项目	M_t (%)	M_{ad} (%)	V_{ad} (%)	$S_{t,ad}$ (%)	A_{ad} (%)	H_{ad} (%)	$Q_{b,ad}$ (J/g)	$Q_{net,ar}$ (J/g)	$Q_{gr,d}$ (J/g)
检验机构数据	11.6	3.67	34.31	0.98	9.59	4.95	28730	25036	29681
电厂数据	15.8	6.22	32.98	0.98	9.36	4.80	27974	23742	29683

对比双方数据后，供应商对此列煤数据电厂数据不予认可，原因如下：

(1) 带走全水分样品数据明显低于电厂数据，认为电厂全水分偏高。

(2) 空气干燥基水分电厂与检测机构数据差异较大。

(3) 空气干燥基挥发分差异较大。

(4) 弹桶热值相差0.756MJ/kg。

(5) 结算热值即低位热值电厂数据明显低于检测机构数据，试对以上结果加以分析并作出判断（不需计算）。

答：(1) 全水分试验不存在再现性的比较，因为全水分数据受所在测定环境空气湿度影响，只有重复性而无再现性的比较，且供应商带走全水分样品使用普通塑料袋盛放，过程当中水分损失较大，所以无可比性。

(2) 空气干燥基水分为测试时与空气湿度达到平衡时所保留的水分，也是受所测环境的湿度影响，无再现性的比较。

(3) 由于样品的空气干燥基水分不同，所以空气干燥基挥发分无再现性，只能对干燥基挥发分进行比较。

(4) 和挥发分指标影响原因一致，弹筒热值也无可比性。

(5) 全水分、空气干燥基水分的影响，低位热值数据差异较大，无可比性。

(6) 相关国家标准规定热值比较只能通过干基高位热值的比较，由干基高位热值可以看出双方测定数据一致。

根据以上分析可以判断供应商提出对电厂数据不予认可是不合理的。

43. 某化验班化验员小王用小李刚测完挥发分的同一马弗炉测一煤样的灰分，操作如下：

(1) 小王将马弗炉的测定方式设置为快灰，然后去天平室称样。

(2) 小王从干燥器中取出两个灰皿，进行称量。灰皿1重17.9391g，小王直接从煤样瓶中一次取样，加完煤样后重18.9518g；灰皿2重18.9757g，小王也是一次取样加完煤样后重19.9692g。小王对两灰皿中的煤样进行了摊平。

(3) 小王拿着灰皿回到马弗炉边，检查炉温为850℃，直接打开炉门，用坩埚钳分别将两个灰皿置于炉口边缘，3min后煤样不再冒烟，小王将灰皿直接推入炉中间位置，然后关上炉门并开始计时。

（4）40min 后小王取出灰皿，置于炉边上石棉垫上，5min 后将灰皿移入干燥器中，20min 后取出进行称量：灰皿 1 重 18.2649g，灰皿 2 重 19.2995g。

（5）小王接下来做检查性灼烧，放入炉中 20min 后取出置于石棉垫上，5min 后移入干燥器中，20min 后取出进行称量：灰皿 1 重 18.2776g，灰皿 2 重 19.3119g。做第二次检查性灼烧，称量结果：灰皿 1 重 18.2778g，灰皿 2 重 19.3122g。

（6）结果计算：

1）(18.2778—17.9391)×100/(18.9518—17.9391)＝33.45(%)

2）(19.3122—18.9757)×100/(19.9692—18.9757)＝33.87(%)

小王取其平均值 33.66%作为该试样空干基的报出结果。

试分析小王进行灰分测定操作过程中的错误，并改正。

答：（1）小王未检查马弗炉烟囱的阀门状态，刚测完挥发分，烟囱阀门应处于关闭状态。

改正：检查马弗炉烟囱阀门，置于开。

（2）小王称样前未进行混匀，称取样品不能一勺取足。

改正：称取样品前先进行混匀，然后多点取样，至少 3 次以上取足样品。

（3）小王不应为图省事将装有煤样的灰皿直接放入炉口边缘。

改正：将盛有煤样的灰皿放在耐热瓷板或石棉板上，然后从瓷板或石棉板上将灰皿缓慢推入炉口边缘。

（4）将煤样往炉中推时等待时间 3min 太短。

改正：等 5～10min 后煤样不再冒烟时，缓慢将灰皿推入炉中间位置（以每分钟不大于 2cm 的速度推进）。

（5）小王放入试样后直接关上炉门并计时是错误的。

改正：关上炉门并留 15mm 左右缝隙，待温度回复至（815±10）℃时开始计时。

（6）小王因开始未检查马弗炉烟囱状态，实验过程无空气流通，导致固定硫作用可能会大，整个试验的结果可能是不准确的。

改正：试验作废，重新严格按 GB/T 212—2008 要求及步骤进行测试。

44. 发热量测定时如遇点火失败应如何进行原因分析？

答：首先应观察点火丝和煤样是否燃烧，再根据现象查找可能存在的问题。

（1）点火丝未烧断。主要是由于点火线路不通或短路，可用万用表测量点火电极间是否导通，氧弹内绝缘柱是否完好、有无短路现象。

（2）点火丝烧断，试样未燃烧。可能由于试验时未充氧或点火丝未接触试样或者试样热值太低难以引燃。

（3）点火丝烧断，试样已燃烧。应检查搅拌器、温度传感器、温度测量系统是否存在故障。

45. 试从六个方面阐述煤中矿物质硫对火力发电厂安全经济环保生产的影响？

答：（1）降低发热量。煤中含黄铁矿硫高时，存放在煤场由于氧化作用，使得黄铁矿氧化成二氧化硫，进一步与水和氧气结合成硫酸，放出热量，易引起煤的自燃。

（2）恶化锅炉结渣和电除尘负担。当煤灰中碱性灰成分和酸性灰成分比例一致时，煤中的全硫值大，则锅炉易结渣即结渣指数在煤灰成分一定时，与干燥基全硫成正比。煤中硫燃烧后有一部分硫（不可燃）固定在灰中，对灰渣的综合利用带来影响。

（3）恶化受热面腐蚀。硫在锅炉中燃烧后产生的二氧化硫和三氧化硫气体，与煤燃烧产生的水蒸气结合成硫酸和亚硫酸，在经过受热面，油气是低温受热面时，会凝结在受热面上，造成受热面的腐蚀。

（4）恶化环境污染。煤中硫燃烧生成的气体（二氧化硫和三氧化硫）随烟气排入大气，对环境造成很大污染，主要是会形成酸雨等，对气候和农作物影响大。

（5）恶化磨煤机磨损。煤中含有较高的黄铁矿硫时，由于黄铁矿硬度大，对磨煤机各部件磨损大，缩短了磨煤机的使用寿命。

（6）提高排烟温度。

46. 煤炭标准物质应用注意事项有哪些？

答：（1）严格按照标准物质证书给出的要求使用标准物质。使用前应认真阅读标准物质证书，充分了解标准值及其不确定度的确切含义，充分了解标准物质定值、均匀性检验、稳定性和有效期等相关信息。

（2）称取标准物质前应充分混匀样品，防止样品的粒度离析对测量结果的影响。

（3）煤炭标准物质应始终置于密闭的容器中，保存在阴凉干燥处。称完样品后应立即盖紧容器盖，避免煤炭标准物质氧化和水分显著变化。

（4）要注意标准物质证书规定的最小取样量要求，当小于最小取样量使用时，标准物质的特性量值和不确定度等参数有可能不再有效。

（5）应在分析方法和操作过程处于正常稳定状态下，即处于统计控制中使用标准物质，否则会导致错误。